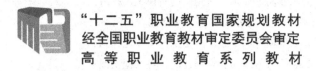

"十二五"职业教育国家规划教材

经全国职业教育教材审定委员会审定

高 等 职 业 教 育 系 列 教 材

网络综合布线案例教程

第 2 版

主 编 裴有柱

参 编 张 扬 李云平 梁 平 郭 政

机械工业出版社

本书参照综合布线施工人员的职业岗位要求，对传统编写模式进行改革，采用项目管理、模块组合、任务驱动的方式讲解了网络综合布线案例。全书基于一个真实的网络布线工程项目，以最新网络综合布线理论为基础，深入浅出地介绍网络综合布线的必备知识和实用技能，将工程实践与教学紧密结合。通过实训环节培养学生的工程意识和工程习惯，以满足实际工程的需要。

本书可作为高职高专院校网络综合布线课程的教材，也可供培训学校使用

本书配有授课电子课件，需要的教师可登录 www.cmpedu.com 免费注册、审核通过后下载，或联系编辑索取（QQ：1239258369，电话：010-88379739）。

图书在版编目（CIP）数据

网络综合布线案例教程 / 裴有柱主编. —2 版. —北京：机械工业出版社，2015.4（2023.1 重印）
高等职业教育系列教材
ISBN 978-7-111-50360-6

Ⅰ. ①网… Ⅱ. ①裴… Ⅲ. ①计算机网络－布线－高等职业教育－教材
Ⅳ. ①TP393.03

中国版本图书馆 CIP 数据核字（2015）第 112196 号

机械工业出版社（北京市百万庄大街 22 号 邮政编码 100037）
策划编辑：鹿 征 责任编辑：鹿 征
责任校对：张艳霞 责任印制：单爱军
北京虎彩文化传播有限公司印刷

2023 年 1 月第 2 版·第 11 次印刷
184mm×260mm·12 印张·296 千字
标准书号：ISBN 978-7-111-50360-6
定价：45.00 元

电话服务   网络服务
客服电话：010-88361066   机 工 官 网：www.cmpbook.com
　　　　　010-88379833   机 工 官 博：weibo.com/cmp1952
　　　　　010-68326294   金 书 网：www.golden-book.com
封底无防伪标均为盗版   机工教育服务网：www.cmpedu.com

高等职业教育系列教材计算机专业
编委会成员名单

主　任　周智文

副主任　周岳山　林　东　王协瑞　张福强

　　　　陶书中　龚小勇　王　泰　李宏达

　　　　赵佩华

委　员　（按姓氏笔画顺序）

　　　　马　伟　马林艺　万雅静　万　钢

　　　　卫振林　王兴宝　王德年　尹敬齐

　　　　史宝会　宁　蒙　刘本军　刘新强

　　　　刘瑞新　余先锋　张洪斌　张　超

　　　　李　强　杨　莉　杨　云　罗幼平

　　　　贺　平　赵国玲　赵增敏　赵海兰

　　　　钮文良　胡国胜　秦学礼　贾永江

　　　　徐立新　唐乾林　陶　洪　顾正刚

　　　　康桂花　曹　毅　眭碧霞　梁　明

　　　　黄能耿　裴有柱

秘书长　胡毓坚

出 版 说 明

《国务院关于加快发展现代职业教育的决定》指出：到 2020 年，形成适应发展需求、产教深度融合、中职高职衔接、职业教育与普通教育相互沟通，体现终身教育理念，具有中国特色、世界水平的现代职业教育体系，推进人才培养模式创新，坚持校企合作、工学结合，强化教学、学习、实训相融合的教育教学活动，推行项目教学、案例教学、工作过程导向教学等教学模式，引导社会力量参与教学过程，共同开发课程和教材等教育资源。机械工业出版社组织国内 80 余所职业院校（其中大部分是示范性院校和骨干院校）的骨干教师共同规划、编写并出版的"高等职业教育规划教材"系列，已历经十余年的积淀和发展，今后将更加紧密结合国家职业教育文件精神，致力于建设符合现代职业教育教学需求的教材体系，打造充分适应现代职业教育教学模式的、体现工学结合特点的新型精品化教材。

在本系列教材策划和编写的过程中，主编院校通过编委会平台充分调研相关院校的专业课程体系，认真讨论课程教学大纲，积极听取相关专家意见，并融合教学中的实践经验，吸收职业教育改革成果，寻求企业合作，针对不同的课程性质采取差异化的编写策略。其中，核心基础课程的教材在保持扎实的理论基础的同时，增加实训和习题以及相关的多媒体配套资源；实践性课程的教材则强调理论与实训紧密结合，采用理实一体的编写模式；实用技术型课程的教材则在其中引入了最新的知识、技术、工艺和方法，同时重视企业参与，吸纳来自企业的真实案例。此外，根据实际教学的需要对部分内容进行了整合和优化。

归纳起来，本系列教材具有以下特点：

1）围绕培养学生的职业技能这条主线来设计教材的结构、内容和形式。

2）合理安排基础知识和实践知识的比例。基础知识以"必需、够用"为度，强调专业技术应用能力的训练，适当增加实训环节。

3）符合高职学生的学习特点和认知规律。对基本理论和方法的论述容易理解、清晰简洁，多用图表来表达信息；增加相关技术在生产中的应用实例，引导学生主动学习。

4）教材内容紧随技术和经济的发展而更新，及时将新知识、新技术、新工艺和新案例等引入教材。同时注重吸收最新的教学理念，并积极支持新专业的教材建设。

5）注重立体化教材建设。通过主教材、电子教案、配套素材光盘、实训指导和习题及解答等教学资源的有机结合，提高教学服务水平，为高素质技能型人才的培养创造良好的条件。

由于我国高等职业教育改革和发展的速度很快，加之我们的水平和经验有限，因此在教材的编写和出版过程中难免出现疏漏。我们恳请使用这套教材的师生及时向我们反馈质量信息，以利于我们今后不断提高教材的出版质量，为广大师生提供更多、更适用的教材。

机械工业出版社

前　言

　　综合布线系统又称为结构化布线系统，是目前流行的一种新型布线方式，它采用标准化部件和模块化组合方式，把语音、数据、图像和控制信号用统一的传输媒体进行综合，形成了一套标准、实用、灵活、开放的布线系统。综合布线系统将计算机技术、通信技术、信息技术和办公环境集成在一起，实现信息和资源共享，提供迅捷的通信和完善的安全保障。

　　本书参照综合布线施工人员的职业岗位要求，对传统编写模式进行改革，采用项目管理、模块组合、任务驱动的方式讲解了网络综合布线案例。全书基于一个真实的网络布线工程项目，以最新网络综合布线理论为基础，深入浅出地介绍网络综合布线的必备知识和实用技能，将工程实践与教学紧密结合。通过实训环节培养学生的工程意识和工程习惯，以满足实际工程的需要。

　　本书共分为7个模块。模块1开启综合布线之门，以真实校园网的网络综合布线工程项目为实例，介绍项目内容、目标及要求，引出相关知识，包括定义、组成、特点、发展过程及前景，同时介绍国际、国内布线标准；模块2综合布线系统工程设计，通过工程项目需求分析，介绍综合布线系统的设计等级、一般设计原则、主要设计步骤和工作区设计方法，最后完成校园网项目工程设计；模块3通信介质与布线组件，根据实际工程需要，主要介绍了双绞线和光纤的特点、选用方法，同时对各种布线组件进行了说明；模块4综合布线工程施工，通过真实工程任务分析，介绍各种施工方法，包括各项准备工作、线缆与光缆制作等；模块5布线系统测试与验收，介绍"能手""Fluke""One Touch"等测试仪器及其使用方法，并给出验收结果；模块6布线系统工程文档，介绍招投标文件、验收文件的撰写与管理方法，同时给出真实工程合同；模块7综合布线产品，介绍国内外著名网络布线厂商、产品。为配合内容讲解，提高学习效果，每个模块后配有思考练习和实训（书后配有实训报告标准样式）。

　　本书由天津电子信息职业技术学院裴有柱任主编，张扬、李云平、梁平、郭政参加编写，本书在编写过程中得到了图书馆郭红老师的大力协助，提供了大量实用资料，在此表示感谢。

　　由于时间仓促，书中错误和不妥之处，请读者批评指正。

编　者

目　　录

模块 1　开启综合布线之门

📁 学习目标

【知识目标】
- ◆ 理解结构化综合布线系统概念；
- ◆ 熟悉结构化综合布线系统组成；
- ◆ 了解国际、国内综合布线标准；
- ◆ 了解综合布线系统工程主要工作；
- ◆ 掌握局域网概念及布线特点。

【能力目标】
- ◆ 能够以真实的综合布线系统为导向进行项目管理与规划。

综合布线系统（Premises Distribution System，PDS）是一种集成化传输系统，在楼宇内或楼宇之间，利用双绞线或光缆来传输信息，可以连接电话、计算机、会议电视和监视电视等设备的结构化信息传输系统。下面就以一个真实的工程项目为案例开启综合布线之门。

⦿ 项目　真实的综合布线系统

某信息学院为实现教学现代化、提高管理水平，拟组建自己的校园网，并接入互联网。

一、项目引入

本工程项目需要进行楼内网络布线及建筑群之间的光纤敷设，把校园网的各信息点及主要网络设备，用标准的传输介质和模块化的系统结构构成一个完整的信息化教学与管理综合布线系统，以此连接各办公室、教室、图书馆、机房及信息中心，形成分布式、开放式的网络环境。

信息学院有 4 幢主要建筑，分别是第 1、2、3、4 号楼。其中，第 1 号楼是多媒体教室用楼，共 4 层，有多媒体教室 60 间，计划信息点 100 个；第 2 号楼是信息中心楼，共 5层，包括网管中心、图书馆、网络实训中心、动漫制作中心以及 12 个常用机房，计划信息点 200 个（注：信息中心楼的布线工程是本实训教程重点介绍的内容）；第 3 号楼是办公楼，共 4 层，包括办公室、会议室和报告厅，计划信息点 160 个；第 4 号楼是教学主楼，共11 层，包括多媒体教室、普通教室和教师办公室，计划信息点 300 个。具体环境布局示意图如图 1-1 所示。

工程具体内容：

（1）信息中心（2 号楼）：5 层主控机房网络布线工程（强电、弱电布线、抗静电地板接地、改造、机房隔断建设、原布线线缆整理）；

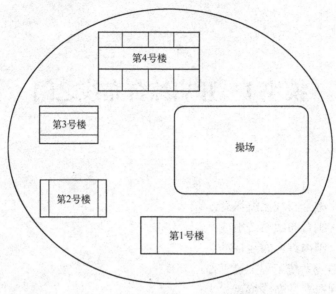

图 1-1　信息学院环境布局示意图

（2）1 号楼与 2、3、4 号楼主机房光纤连接铺设。

二、功能要求

根据学院环境布局和实际需要，经过实地测量，本工程应从总体要求到具体性能要求，以及系统组成、性能指标、布线方案的各方面进行考虑，具体情况如下：

1．总体要求

（1）本工程目的在于建立一套先进、完善的布线系统，既能满足现在的需要，也能够考虑到未来发展的需要，使系统达到配置灵活、易于管理、易于维护、易于扩充的目的。

（2）各投标方所提供的方案应包括系统设计方案和工程实施方案，必须保证不影响正常教学工作。

（3）系统设计必须严格遵守国家相关技术规范、标准，并符合招标文件要求。主要包括：

◆《建筑与建筑群综合布线系统工程设计规范》GB 50311-2007；

◆《建筑与建筑群综合布线系统工程施工和验收规范》GB 50312-2007；

◆《大楼通信综合布线系统第一部分总规范》YD/T926.1-2009；

◆《大楼通信综合布线系统第二部分综合布线用电缆光缆技术要求》YD/T926.2-2009；

◆《大楼通信综合布线系统第三部分综合布线用连接硬件技术要求》YD/T926.3-2009；

◆ 北美标准 ANSI/TIA/EIA568B《商用建筑通信布线标准》；

◆ 国际标准 ISO/IEC11801《信息技术——用户通用布线系统》（第二版）；

◆《国际电子电气工程师协会：CSMA/CD 接口方法》IEEE802.3。

2．具体要求

（1）先进性与成熟性平衡原则。信息技术发展迅速，既要选择成熟的产品，又要选择适当超前的先进技术。

（2）灵活性与扩展性原则。采用模块化结构，具有灵活、通用的特点，在系统修改和设备移位时，不必更换布线系统，仅在配线架上进行跳线管理即可解决问题。

（3）信息共享与网络化原则。系统中的组件或子系统尽可能都是可以连接入网和共享信息的系统或设备。

（4）标准化与规范性原则。系统遵循相关标准和行业规范，布线方案应符合 TIA/EIA568B、TIA/EIA569A、ISO/IEC11801、IEEE802.3、EN50173 等国际标准和相关国家标准。系统不仅传输语音、数据和图像，还能兼容不同厂家的系统和设备，具有较好的互操作性。

（5）相对高可用性原则。在权衡经济代价的前提下，主要系统和骨干平台选用高可靠性系统或设备。

（6）经济性与投资保护原则。在保证质量和可维护性的原则下，尽量控制成本，尽量保护前期投资，减少重复和浪费。

（7）分步实施、逐步到位原则。在复杂的大系统建设中统筹规划、有序进行极为重要，只有这样才能更好地使系统建设做到整体协调、配套。

3. 工程目标

整个工程系统应包含工作区、配线子系统、管理、干线子系统、设备间、进线间、建筑群子系统全部布线产品（各种线缆、光缆、配线架、模块、面板、插座、插头和用于安装的配套施工器材等），工程目标如下：

（1）支持高速率数据传输，能传输数字、多媒体、视频、音频信息；

（2）每个工作区有 2 个或 2 个以上的信息插座；

（3）每个数据信息插座有 4 对 UTP（Unshield Twisted Pair）电缆；

（4）所有接插件都采用模块化的标准件，以便不同厂家设备的兼容；

（5）布线系统要有易于安装、维护的明显识别标志；

（6）工作区布点要符合实际需要；

（7）能通过中国网通和中国教育网联入 Internet。

4. 性能指标

（1）所有线缆产品需满足 1000 Mbit/s 的传输速率要求；所有光缆产品需满足 1000 Mbit/s 的传输速率要求，同时通过预留光纤通道可升级支持 10000 Mbit/s 或未来网络传输速率要求。

（2）连接设备间的光纤配线架至各电信间光纤配线架的主干网传输速率应为 1000 Mbit/s 或以上。

（3）连接设备间的电缆配线架至各电信间电缆配线架的语音主干缆传输速率应为 10 Mbit/s 或以上。

（4）连接各电信间的数据电缆配线架至各工作区信息终端采用超 5 类线缆，其传输速率应为 1000 Mbit/s 以上。

（5）以上要求投标方应在实际方案中明确说明。

5. 施工范围

本工程楼间之间采用光纤连接；2 号楼（网管中心所在位置为一级节点）层间也采用光纤连接，它是本次工程的建设重点；其余楼内及其他各二、三节点处采用双绞线布线。校园网络工程结构如图 1-2 所示，2 号楼信息中心结构示意图如图 1-3 所示。

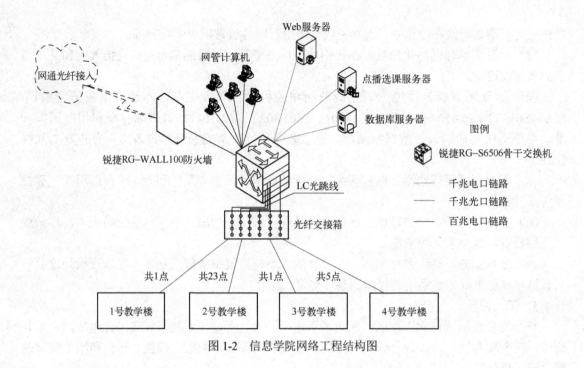

图1-2 信息学院网络工程结构图

三、投标须知

为加快建设速度，确保工程质量，学院校园网络综合布线工程项目采用公开招标方式进行。招标方将根据各投标方所报的技术方案、系统造价和工程实施能力进行综合评定，确定总承包商。

1. 招标内容

（1）综合布线工程设计方案、综合布线产品及设备供应方案、工程实施方案和相应的技术服务。

（2）承包商要对整个工程负责，包括：系统方案及施工图纸设计、产品及设备供应、设备安装与调试、工程监理、工程验收、人员培训、工程后技术服务等。

2. 投标人资格

（1）具有独立法人资格，并有良好的信誉（企业营业执照原件）。

（2）投标人具备良好的综合布线能力，具有类似工程施工业绩，并有典型网络布线工程，能够真实反映近两年来在类似项目业绩的证明材料，如中标通知书、销售合同复印件等。

（3）投标人应提供综合布线产品厂家授权书及其相关工程师施工资格证件原件和复印件。

※ 有关招投标文档内容在本书模块 6 部分有详细介绍。

知识链接——结构化综合布线

现代建筑物常常需要将计算机技术、通信技术、信息技术和办公环境集成在一起，实现信息和资源共享，提供迅捷的通信和完善的安全保障，这就是智能大厦，而这一切的基础就是结构化综合布线。

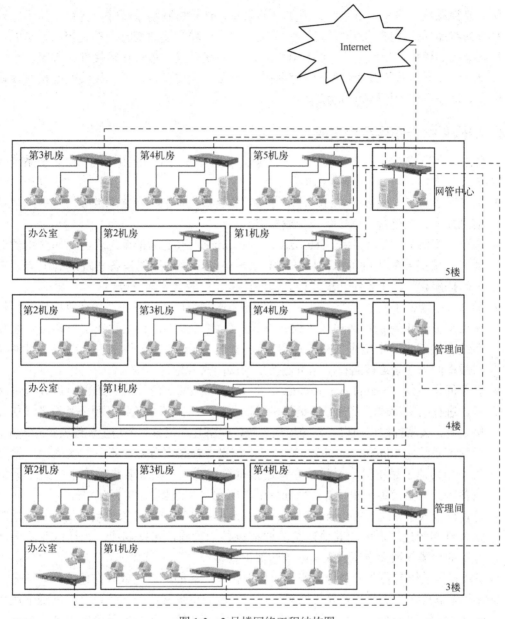

图 1-3　2 号楼网络工程结构图

1.1.1　什么是结构化综合布线

综合布线系统又称结构化布线系统（Structured Cabling System），是目前流行的一种新型布线方式，它采用标准化部件和模块化组合方式，把语音、数据、图像和控制信号用统一的传输媒体进行综合，形成了一套标准、实用、灵活、开放的布线系统。它既能使语音、数据、影像与其他信息系统彼此相连，也支持会议电视、监视电视等系统及多种计算机数据系统。

结构化综合布线系统解决了常规布线系统无法解决的问题。常规布线系统中的电话系统、保安监视系统、电视接收系统、消防报警系统、计算机网络系统等，各系统互不相连，每个系统的终端插接件亦不相同，当这些系统中的某一项需要改变时，都是相当困难的，甚至要付出很高的代价。相比之下，结构化综合布线系统是采用模块化插接件，垂直、水平方向的线路一经布置，只需改变接线间中的跳线，就可改变交换机，增加接线间的接线模块，满足用户对这些系统的扩展和移动要求。

1.1.2 结构化综合布线系统组成

结构化综合布线系统采用标准化部件和模块化组合方式，主要由 6 个独立子系统（模块）组成：

- 工作区子系统（Work Area）。它由终端设备连接到信息插座之间的设备组成，包括：信息插座、插座盒、连接跳线和适配器等。
- 水平（配线）布线子系统（Horizontal Cabling）。水平区子系统应由工作区用的信息插座，楼层分配线设备至信息插座的水平电缆、楼层配线设备和跳线等组成，实现信息插座和管理子系统（配线架）间的连接，一般处在同一楼层。
- 垂直（干线）子系统（Backbone Cabling）。通常是由主设备间（如计算机房、程控交换机房）提供建筑中最重要的铜线或光纤线主干线路，将主配线架与各楼层配线架系统连接起来，是整个大楼的信息交通枢纽。一般它提供位于不同楼层的设备间和布线框间的多条连接路径，也可连接单层楼的大片地区。
- 设备间子系统（Equipment Rooms）。设备间是在每一幢大楼的适当地点设置进线设备、进行网络管理以及管理人员值班的场所。设备间子系统将各种公共设备（如计算机主机、数字程控交换机、各种控制系统、网络互连设备）等与主配线架连接起来。
- 管理子系统（Administration）。管理子系统设置在楼层分配线设备的房间内。管理间为连接其他子系统提供手段，它是连接垂直干线子系统和各楼层水平干线子系统的设备，其主要设备是配线架、色标规则、HUB（集线器）、机柜和电源。
- 建筑群接入子系统（Premises Entrance Facilities）。建筑群接入子系统是将一栋建筑的线缆延伸到建筑群内的其他建筑的通信设备和设施，包括铜线、光纤以及防止其他建筑的电缆的浪涌电压进入本建筑的保护设备。

当综合布线系统需要在一个建筑群之间敷设较长距离的线路，或者在建筑物内信息系统要求组成高速率网络，或者与外界其他网络特别与电力电缆网络一起敷设有抗电磁干扰要求时，应采用光纤作为传输媒体。光纤传输系统应能满足建筑与建筑群环境对电话、数据、计算机、电视等综合传输要求；当用于计算机局域网络时，宜采用多模光纤；作为远距离电信网的一部分时应采用单模光纤。

结构化综合布线 6 个独立子系统（模块）组成见图 1-4 所示。

1.1.3 综合布线的发展过程与前景

综合布线的发展与建筑物自动化系统密切相关。1984 年，世界上第一座智能大厦产生；1985 年初，计算机工业协会（CCIA）提出对大楼布线系统标准化的倡议；1991 年 7 月，ANSI/EIA/TIA568 即《商业大楼电信布线标准》问世，与布线通道及空间、管理、电缆性能及连接硬件性能等有关的相关标准也同时推出；1995 年底，EIA/TIA 568 标准正式更新为 EIA/TIA/568A，国际标准化组织（ISO）推出相应标准 ISO/IEC/IS11801；1997 年 TIA 出台 6 类布线系统草案，同期，基于光纤的千兆网标准推出；1999 年至今，TIA 又陆续推出了 6 类布线系统正式标准，ISO 推出 7 类布线标准。

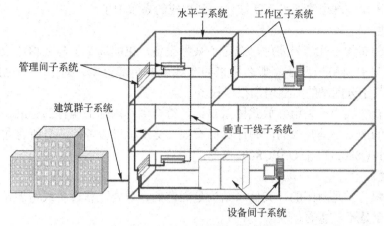

图 1-4　结构化综合布线组成图

综合布线的市场发展很快，从最快的 3 类、5 类到超 5 类、6 类，甚至到光纤。从技术上看，综合布线正向高带宽、高速度方向发展。随着网络应用的深入，传统的布线市场也发生了变化，除了智能大厦这种标准的综合布线的地方外，一些以前并未考虑综合布线的地方（如住宅，中小办公室等）都已经成为布线系统的用户群。但不同的用户群，对综合布线有不同的要求。因此，同样的布线系统在不同应用场所上应该有所区别，以适应特定的用户需求。当我们现在谈论布线时，它不再是一种可有可无的系统，而应是数据通信系统的一个必需的组成部分。在选择一个面向新世纪的布线系统时，应该预计到未来网络应用的发展，以双绞线和新型多模光缆甚至单模光缆为基础的布线系统，将会使网络生命延伸到更远的地方。

1.1.4　结构化综合布线特点

结构化综合布线同传统的布线相比，有许多优点，是传统布线所无法相比的。其特点主要表现在它具有兼容性、开放性、灵活性、可靠性、先进性和经济性，而且在设计、施工和维护方面也给人们带来了许多方便。

1. 兼容性

结构化综合布线的首要特点是它的兼容性。所谓兼容性是指它自身是完全独立的，与应用系统相对无关，可以适用于多种应用系统。

过去，为一幢大楼或一个建筑群内的语音或数据线路布线时，往往是采用不同厂家生产的电缆线、配线插座以及接头等。例如用户交换机通常采用双绞线，计算机系统通常采用粗同轴电缆或细同轴电缆。这些不同的设备使用不同的配线材料，而连接这些不同配线的插头、插座及端子板也各不相同，彼此不相容。一旦需要改变终端机或电话机位置时，就必须敷设新的线缆，安装新的插座和接头。

结构化综合布线将语音、数据与监控设备的信号线经过统一的规划和设计，采用相同的传输媒体、信息插座、交连设备、适配器等，把这些不同信号综合到一套标准的布线中。由

7

此可见，这种布线比传统布线大为简化，可节约大量的物资、时间和空间。

在使用时，用户不用定义某个工作区的信息插座的具体应用，只要把某种终端设备（如个人计算机、电话、视频设备等）插入这个信息插座，然后在管理间和设备间的交接设备上做相应的接线操作，这个终端设备就被接入到相应的系统中了。

2．开放性

对于传统的布线方式，只要用户选定了某种设备，也就选定了与之相适应的布线方式和传输媒体。如果更换另一设备，那么原来的布线就要全部更换。对于一个已经完工的建筑物，这种变化是十分困难的，要增加很多投资。

结构化综合布线由于采用开放式体系结构，符合多种国际上现行的标准，因此它几乎对所有著名厂商的产品都是开放的，如计算机设备、交换机设备等，并对所有通信协议也是支持的，如 ISO/IEC8802-3、ISO/IEC8802-5 等。

3．灵活性

传统的布线方式是封闭的，其体系结构是固定的，若要迁移设备或增加设备是相当困难而麻烦的，甚至是不可能的。

结构化综合布线采用标准的传输线缆和相关连接硬件，模块化设计，因此所有通道都是通用的。每条通道可支持终端、以太网工作站及令牌环网工作站。所有设备的开通及更改均不需要改变布线，只需增减相应的应用设备以及在配线架上进行必要的跳线管理即可。另外，组网也可灵活多样，甚至在同一房间可有多用户终端、以太网工作站、令牌环网工作站并存，为用户组织信息流提供了必要条件。

4．可靠性

传统的布线方式由于各个应用系统互不兼容，因而在一个建筑物中往往要有多种布线方案。因此，建筑系统的可靠性要由所选用的布线可靠性来保证，当各应用系统布线不当时，还会造成交叉干扰。

结构化综合布线采用高品质的材料和组合压接的方式构成一套高标准的信息传输通道。所有线槽和相关连接件均通过 ISO 认证，每条通道都要采用专用仪器测试链路阻抗及衰减率，以保证其电气性能。应用系统布线全部采用点到点端接，任何一条链路故障均不影响其他链路的运行，这就为链路的运行维护及故障检修提供了方便，从而保障了应用系统的可靠运行。各应用系统往往采用相同的传输媒体，因而可互为备用，提高了备用冗余。

5．先进性

结构化综合布线通常采用光纤与双绞线混合布线方式，极为合理地构成一套完整的布线。

所有布线均采用世界上最新通信标准，链路均按 8 芯双绞线配置。5 类双绞线带宽可达100 MHz，6 类双绞线带宽可达 200 MHz。对于特殊用户的需求可把光纤引到桌面（Fiber To The Desk），为同时传输多路实时多媒体信息提供足够的带宽容量。

6．经济性

结构化综合布线不仅从技术与灵活性上解决了各种信息综合通信问题，而且从经济性看其性能价格比也是非常高的。

从投资方面讲，初期投资结构化综合布线要比传统布线高；但从远期投资角度分析，考虑到今后的发展，增加一些费用，势必减少将来的运行费用和变更费用。据美国一家调查公司对 400 家大公司的 400 幢办公大楼在 40 年内各项费用比例情况的统计结果表明，初期投资（即结构费用）只占 11%，而运行费用占 50%，变更费用占 25%。由此可见，采用结构化综合布线系统是明智之举。

从技术与灵活性方面讲，结构化标准综合布线就更加具有优势，主要表现在：

（1）采用标准的结构化综合布线后，只需将电话或终端插入墙壁上的标准插座，然后在同层的跳线架做相应跳接线操作，就可解决用户的需求。

（2）当需要把设备从一个房间搬到另一层的房间时，或者在一个房间中增加其他新设备时，同样只要在原电话插口作简单的分线处理，然后在同层配线间和总设备间做跳线操作，很快就可以实现这些新增加的需求，而不需要重新布线。

（3）如果采用光纤、超 5 类或 6 类线缆混合的综合布线方式，可以解决三维多媒体的传输和用户的需求，可以实现与互联网的连接。

1.1.5 结构化综合布线系统标准

结构化综合布线系统自问世以来已经历了近 20 年的发展，这期间，随着信息技术的发展，布线技术也在不断变化，与之相适应的布线系统相关标准也在不断推陈出新，各国际标准化组织都在努力制定更新的标准以满足技术和市场的需求。有了标准，就有了依据，对于结构化综合布线产品的设计、制造、安装和维护具有十分重要的作用。

1. 国际标准

结构化综合布线标准基本上都是由具有相当影响力的国际或国家标准组织制定的，如美国通信工业协会/电子工业协会（TIA/EIA，Telecommunication Industry Association/Electronic Industry Alliance）、国际标准化组织/国际电工委员会（ISO/IEC，International Organization for Standardization/International Electro technical Commission）、欧洲标准化委员会（CENELEC）、电子电气工程师协会（IEEE，Institute of Electrical and Electronic Engineers）等，其他各国基本上是等效采用相关的国际标准。

在参考布线的标准时，主要参考以下几个标准体系：

（1）美洲标准：美国电子工业协会、美国电信工业协会的 EIA/TIA 为综合布线系统制定的一系列标准，主要有下列几种。

① EIA/TIA—568 商业建筑通信布线系统标准；

② EIA/TIA—569 商业建筑电信通道及空间标准；

③ EIA/TIA—606 商业建筑物电信基础结构管理标准；

④ EIA/TIA—607 商业建筑物接地和接线规范标准。

（2）ISO 标准：国际标准化组织/国际电工委员会针对综合布线系统在抗干扰、防噪、防火、防毒等关键技术方面颁布的标准。

ISO/ IEC 11801：《信息技术——用户房屋综合布线标准》。

IEEE 802/ ISO IEEE 802（802.1—802.11）：《局域网布线标准》。

（3）欧洲标准：欧洲标准化委员会（CENELEC）颁布的标准，该标准与 ISO/IEC11801 标准是一致的，它比 ISO/IEC11801 严格。

EN50173：《信息技术——布线系统标准》。

2．国内标准

中国国内的综合布线标准基本上都是参照国际标准，由国内有关协会、行业和国家所制定的，主要是针对我国国情和习惯做法所做的规定。

（1）国家标准：中华人民共和国工业和信息化部（原信息产业部）起草，由中华人民共和国建设部批准的国家标准，并于 2000 年 8 月 1 日开始执行。该标准适用于新建、扩建、改建建筑与建筑群的综合布线系统工程设计。其主要的对象为大楼办公自动化（OA）、通信自动化（CA）、楼宇自动化（BA）工程。该标准包括以下 3 部分。

① 《建筑与建筑群综合布线系统工程设计规范》（GB/T50311-2000）。

② 《建筑与建筑群综合布线系统工程验收规范》（GB/T50312-2000）。

③ 《智能建筑设计标准》（GB/T 50314-2000）。

（2）行业标准。2001 年 10 月 19 日，工业和信息化部（原信息产业部）发布了中华人民共和国通信行业标准（第 2 版），本标准是通信行业标准，对接入公用网的通信综合布线系统提出了基本要求，并于 2001 年 11 月 1 日起正式实施。符合 YD/T926 标准的综合布线系统也符合国际标准化组织/国际电工委员会标准 ISO/IEC 11801：1999。该标准包括以下 3 部分：

① 《大楼通信综合布线系统》（YD/T 926-2001 总规范）。

② 《大楼通信综合布线系统》（YD/T 926.2-2001 综合布线用电缆、光缆技术要求）。

③ 《大楼通信综合布线系统》（YD/T926.3-2001 综合布线用连接硬件技术要求）。

（3）协会标准。中国工程建设标准化协会分别于 1995 年和 1997 年颁布了两个关于综合布线系统的设计规范标准，该标准积极采用国际先进经验，与国际标准接轨，这两个标准是：

① 《建筑与建筑群综合布线系统工程设计规范》（CECS72:95）。

② 《建筑与建筑群综合布线系统工程设计规范》（CECS72:97）和《建筑与建筑群综合布线系统工程施工及验收规范》（CECS89:97）。

3．标准要点

（1）目的。

① 规范一个通用的语音和数据传输的电信布线标准，以支持多设备、多用户的环境。

② 为服务于商业的电信设备和布线产品的设计提供方向。

③ 能够对商用建筑中的结构化布线进行规划和安装，使之能够满足用户的多种需求。

④ 为各种类型的线缆、连接件以及布线系统的设计和安装建立性能和技术标准。

（2）范围。

① 标准针对的是"商业办公"电信系统。

② 布线系统的使用寿命要求在 10 年以上。

（3）内容。

包括所用介质、拓扑结构、布线距离、用户接口、线缆规格、连接件性能、安装程序等。

（4）涉及的范畴。

① 水平干线布线系统：涉及水平跳线架、水平线缆、线缆出入口/连接器、转换点等。

② 垂直干线布线系统：涉及主跳线架、中间跳线架、建筑外主干线缆、建筑内主干线

缆等。

③ UTP 布线系统：目前主要指超 5 类、6 类双绞线。

④ 光缆布线系统：在光缆布线中分水平干线子系统和垂直干线子系统，它们分别使用不同类型的光缆。

水平干线子系统：62.5/125 μm 多模光缆（出入口有 2 条光缆），多数为室内型光缆。

垂直干线子系统：62.5/125 μm 多模光缆或 10/125 μm 单模光缆。

⑤ 综合布线系统的设计方案不是一成不变的，而是随着环境和用户要求来确定的。

综合布线标准的制定对于综合布线以及网络的发展有深刻的影响。对于业界人士而言，及时了解布线标准的动态对于产品的开发至关重要；对于用户而言，了解布线标准的发展，对于保护自己的投资是十分重要的。

1.1.6 局域网综合布线

近年来，局域网（LAN）技术得到了迅速发展，无论是网络速率还是连接的覆盖范围都发生了很大的变化，网络速率从 10 Mbit/s 发展到 100 Mbit/s，目前已经发展到 1000 Mbit/s、10 Gbit/s 速率的局域网；局域网连接也已从单一的办公室或机房扩展到了多室多处相连。随着局域网速率的提高和覆盖面的增大，局域网布线对网络的影响越来越大。因此，弄明白局域网概念及其特点是十分必要的。

1．局域网概念

局域网就是网络的一种，由于网络技术在不断发展，各国家和地区因硬件和线路不同，使用的网络产品和网络技术不同，所以很难给出一个明确定义，但可从以下几方面理解局域网概念。

（1）局域网是限定区域的网络。

限定区域不是仅指地理区域的大小，而是指在功能上、组织上都比较封闭的空间，如办公大楼内、学校的校园内等。

（2）局域网是高速线路的网络。

高速网络是指数据在网络中传输的速率，由于局域网使用的通信线路多选用金属或光纤介质，传输的速率可达 100 Mbit/s 甚至 1000 Mbit/s。

（3）局域网是自用专用线路网络。

专用网络是指局域网不使用电话线路或公用线路，是自行用电缆架设而成的自用网络。

（4）局域网是遵守国际标准的开放性网络。

开放性网络是指局域网的体系结构遵守国际 ISO 组织的标准，它能够与任何遵守国际 ISO 组织的标准系统进行通信。

2．局域网布线特点

局域网技术是目前计算机网络研究的重点和热点，是发展最快的技术领域之一，局域网布线具有如下特点：

（1）局域网是覆盖有限地理范围的网络，从一处办公室、一幢大楼、一所学校、一个工厂，到几千米的范围，适用于机关、公司、校园、工厂等各种单位。局域网布线除重点强调线缆安装外，其他所有布线内容均被涵盖，包含工作区子系统、水平布线子系统、垂直干线子系统、设备间子系统、管理子系统、建筑群接入子系统等。

（2）局域网是一种通信网络，主要技术体现在网络拓扑、传输介质与介质访问控制，具有高速率、高质量数据传输能力。布线标准采用 IEEE802 协议；布线重点强调的是金属电缆和光线，前者是当前占支配地位的布线方法，后者是未来快速网络发展的方向。

（3）局域网属于单位自有，易于建立、维护和使用。局域网布线要根据单位自身的应用与财力情况规划使用范围、制定建设方案、满足自身需要。

项目实现——布线工程六项工作

网络综合布线工程项目的实现并不是一件简单的事，事实上需要具备很多相关方面的知识，特别是工程实践知识积累。网络工程布线实现通常需要做好如下几个方面的工作。

一、用户需求报告

用户需求报告是网络综合布线工程项目建设的依据，包括工程内容、等级、目标等。

二、布线方案设计

网络综合布线方案是工程实施的蓝图，是工程建设的框架结构。网络综合布线总体方案设计的好坏直接影响到布线工程的质量和性能价格比。因此，做好网络综合布线总体方案设计是非常重要的，在总体方案设计工作中主要讨论的是怎样设计布线系统，这个系统有多少信息点，怎样通过水平干线、垂直干线、管理子系统把它们连接起来。

三、选择建设材料

选好建设材料是做好网络工程质量的基本保障，涉及需要选择哪些传输介质（线缆），需要哪些线材（槽管）及其材料价格如何，施工有关费用需多少等问题。

四、工程施工

工程施工是实现工程设计、满足用户需求的唯一途径，包括开工报告、施工图准备、人员安排、备料、制订工程进度表、具体实施等工作。

五、系统测试与验收

测试与验收是施工单位向用户方移交的正式手续，也是用户对工程的认可。它可检查工程施工是否符合设计要求和符合有关施工规范，是否达到了原来的设计目标，质量是否符合要求，有没有不符合原设计的有关施工规范的地方等。

六、文档管理

在测试与验收结束后，将建设单位所交付的文档材料及测试与验收所使用的材料一起交给用户方的有关部门存档。主要包括综合布线工程建设报告、综合布线工程测试报告、综合布线工程资料审查报告、综合布线工程用户意见报告、综合布线工程验收报告。

通过上述 6 个方面的工作，理论上能够完成一个网络布线工程，但实际上用上述几句话来解决是不现实的，必须认真学习后面各模块内容，并按照任务分解方式逐一加以解决和实现。

☯ 同步训练

一、思考练习

（1）什么是结构化综合布线系统？

（2）结构化综合布线系统的6个子系统是什么？

（3）结构化综合布线的国内、国际常用标准有哪些？

（4）结构化综合布线系统的主要特点有哪些？

二、实训

1. 实训题目

参观真实的网络综合布线系统。

2. 实训目的

了解网络综合布线系统的组成，并通过参观区分系统中的不同子系统部分，同时了解布线系统中所使用的材料与设备。

3. 实训内容

参观访问采用结构化综合布线系统的单位，并根据所见内容画出综合布线系统示意图。

4. 实训方法

（1）首先了解网络基本情况，包括建筑环境、结构、信息点数目及功能。

（2）参观设备间，记录所用设备的名称、规格以及连接情况。

（3）参观管理间，查看配线架，并记录规格和标识（注：设备间和管理间可同在一间）。

（4）参观垂直子系统，观察敷设方式，了解线缆类型和规格。

（5）参观水平子系统，观察布线方式，了解线缆类型和规格。

（6）参观工作区子系统，查看信息插座配置数量、类型、高度和布线方式。

5. 实训总结

（1）根据参观记录，画出该网络综合布线结构示意图，要求标明设备的名称、型号、数量、选用的介质类型与规格。

（2）分组讨论，说明该网络综合布线系统的特点，并指出存在的问题。

（3）按照附录所给实训报告样式写出报告。

模块 2 综合布线系统工程设计

📂 学习目标

【知识目标】

◆ 了解综合布线系统工程设计原则、等级；
◆ 熟悉综合布线系统工程设计内容和流程；
◆ 掌握综合布线各子系统设计要点；
◆ 熟悉 Visio 软件的使用方法。

【能力目标】

◆ 以真实的综合布线系统为任务导向进行网络布线工程设计；
◆ 以真实的综合布线系统为任务导向，利用 Visio 完成典型施工图纸的绘制工作。

综合布线系统设计是一项十分重要的工作，方案设计的好坏直接影响着全部工程的实现，这就需要设计人员必须认真做好相关知识准备，并多加实践，这样才能设计出合理优化的方案。

任务　综合布线系统工程设计

为完成综合布线系统工程设计工作，设计人员必须深入了解客户需求，认真进行任务分析，做到心中有数，合理安排。

一、任务引入

综合布线系统设计的首要任务就是根据用户需求（包括工程内容、等级、要达到的目标等）进行工程设计，工程设计占一个网络工程的 30%～40%的工作量，剩下的只是付之实现的问题。以信息学院 2 号楼信息中心综合布线为例，该任务是把本楼内所有的计算机主机、局域网等主要设备的信息点连接到网管中心（一级节点），形成星形网络拓扑结构，它能够传输数字、多媒体信息，满足教学与管理要求，还能进行对外交流。该工程计划信息点 760 个，网络连接采用结构化综合布线系统完成，施工集中在一个楼内（共 5 层），每两个用户之间的最大距离不超过 50 m，这是一个典型的网络综合布线工程。

二、任务分析

一个单位要建设综合布线系统，总是要有自己的目的，也就是说要解决什么样的问题。用户的问题往往是实际存在的问题或是某种要求，那么专业技术人员应根据用户的要求进行任务分析，用网络综合布线工程的语言描述出来，使用户能够理解。以上面的信息学院 2 号楼信息中心综合布线为例，该任务是把本楼内所有的计算机主机、局域网等主要设备的信息点连接到网管中心（一级节点），形成星形网络拓扑结构，它能够传输数字、多媒体信息，满足教学与管理要求，还能进行对外交流；网络综合布线工程实施使用模块化的标准件和传输介质，层间用光纤连接、同层内采用双绞线布线，设计等级为综合型。同时，网络系统能够具有可扩充和升级能力。

知识链接——综合布线系统工程设计

综合布线系统设计是指在现有的经济技术条件下，根据实际使用要求，按照国际和国内现行综合布线标准，对具体项目进行的工程设计。为此，读者应学习以下相关知识。

2.1.1 综合布线系统设计概述

1. 系统设计原则

（1）实用性：网络综合布线工程应从实际需要出发，必须坚持为用户服务，必须满足用户要求。

（2）先进性：采用成熟的先进技术，兼顾未来的发展趋势，即量力而行，又适当超前，留有发展余地。

（3）可靠性：确保网络可靠运行，在网络的关键部分应具有容错能力。

（4）安全性：提供公共网络连接、内部网络连接、拨号入网、通信链路、服务器等全方位的安全管理系统。

（5）开放性：采用国际标准布线，采用符合标准的设备，保证整个系统具有开放特点，增强与异机种、异构网的互联能力。

（6）可扩展性：系统便于扩展，保证前期投资的有效性与后期投资的连续性。

2. 系统设计等级

按照国家标准 GB50311 中规定，综合布线系统的设计可以划分为 3 个等级。

（1）最低型。

① 基本配置：

● 每一个工作区有 1 个信息插座；

● 每个信息插座的配线电缆为 1 条 4 对对绞电缆；

● 完全采用 110A 交叉连接硬件，并与未来的附加设备兼容；

● 每个工作区的干线电缆至少有 2 对双绞线。

② 主要特点：

● 能够支持所有语音和数据传输；

● 支持语音、综合型语音/数据高速传输；

● 便于维护人员维护、管理；

● 能够支持众多厂家的产品设备和特殊信息的传输。

（2）基本型。

① 基本配置：

● 每个工作区有 2 个或 2 个以上信息插座；

● 每个信息插座的配线电缆为 1 条 4 对对绞电缆；

- 具有 110 A 交叉连接硬件；
- 每个工作区的电缆至少有 8 对双绞线。

② 主要特点：
- 每个工作区有 2 个信息插座，灵活方便、功能齐全；
- 任何一个插座都可以提供语音和高速数据传输；
- 便于管理与维护；
- 能够为众多厂商提供服务环境的布线方案。

（3）综合型（将双绞线和光缆纳入建筑物布线的系统）。

① 基本配置：
- 以基本配置的信息插座量作为基础配置；
- 每个工作区的电缆内配有 4 对双绞线；
- 建筑、建筑群干线或水平布线子系统中配置光缆，并考虑适当的备用量。

② 主要特点：
- 每个工作区有 2 个以上的信息插座，灵活方便、功能齐全；
- 任何一个信息插座都可供语音、视频和高速数据传输；
- 有一个很好的环境，为客户提供服务；
- 因为光缆的使用，可以提供很高的带宽。

3．系统设计流程

（1）分析用户需求；

（2）获取建筑物平面图；

（3）系统结构设计；

（4）布线路由设计；

（5）可行性论证；

（6）绘制综合布线施工图；

（7）编制综合布线用料清单。

综合布线系统的详细设计流程如图 2-1 所示。

4．系统网络拓扑结构

综合布线系统网络拓扑结构是网络连接后路径的逻辑表示，星形网络结构是建筑群布线系统普遍采用的形式。它以某个建筑群配线架（CD）为中心，以若干建筑物配线架（BD）为中间层，相应地由再下层的楼层配线架（FD）和各通信引出端（TO）构成多级的星形网络拓扑结构，如图 2-2 所示。

2.1.2　综合布线系统设计内容

1．用户需求分析

用户单位在实施综合布线系统工程项目前都有自己的设想，作为工程项目设计人员必须与用户耐心地沟通，认真、详细地了解工程项目的实施目标、要求，并整理存档。对于某些不清楚的地方，还应与用户反复沟通，一起分析设计。为了更好地做好用户需求分析，建议根据以下要点进行需求分析。

（1）确定工程实施的范围；

| 收集综合布线工程所需的基础材料 |
| ①建筑图纸和说明；②了解建筑物结构、层数、用图；③明确系统设计要求与标准。 |
| 确定综合布线系统设计方案 |
| ①用户需求分析；②确定整体方案；③确定信息点分布方案；④作网络拓扑图。 |
| 确定布线路由，进行系统各部分设计 |
| ①工作区子系统设计；②配线子系统设计；③干线子系统设计；④建筑群子系统设计；
①设备间和电信间；②管理子系统设计；③进线间系统设计；④其他设计。 |
| 绘制施工图纸 |
| ①光纤路由图；②标准和其他层路由图；③设备、配线间布局图；④机柜配线架信息分布图。 |
| 确定工程量、编制预算 |
| ①列出材料清单；②确定工程量；③布线产品选型；④确定取费标准，编制预算。 |
| 确定系统测试、验收方案；系统维护要求；编制工程文档 |

图 2-1　综合布线系统工程设计流程图

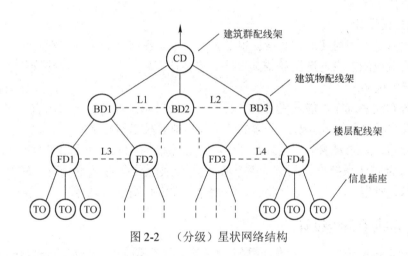

图 2-2　（分级）星状网络结构

（2）确定系统的类型；

（3）确定系统各类信息点接入要求；

（4）查看现场，了解建筑物布局。

2．系统总体方案设计

系统总体方案设计在综合布线系统工程设计中是极为关键的部分，它直接决定了工程实施后的项目质量的优劣。系统总体方案设计主要包括系统的设计目标、系统设计原则、系统设计依据、系统各类设备的选型及配置、系统总体结构、各个布线子系统工程技术方案等内容。在进行总体方案设计时应根据工程具体情况，进行灵活设计，例如单个建筑物楼宇的综合布线设计就不应考虑建筑群子系统的设计。又例如有些低层建筑物信息点数量又很少，考虑到系统的性价比的因素，可以取消楼层配线间，只保留设备间，配线间与设备间功能整合在一起设计。

3．子系统详细方案设计

综合布线系统工程的各个子系统设计是系统设计的核心内容，它直接影响用户的使用效果。按照国内外综合布线的标准及规范，综合布线系统主要由 6 个子系统构成，即工作区子系统、水平子系统、管理子系统、干线子系统、设备间子系统、建筑群子系统。在对 6 个子系统设计时，应注意以下设计要点：

（1）工作区子系统要注意信息点数量及安装位置，以及模块、信息插座的选型及安装标准。

（2）水平子系统要注意线缆布设路由，线缆和管槽类型的选择，确定具体的布线方案。

（3）管理子系统要注意管理器件的选择、水平线缆和主干线缆的端接方式和安装位置。

（4）干线子系统要注意主干线缆的选择、布线路由走向的确定、管槽铺设的方式。

（5）设备间子系统要注意确定建筑物设备间位置、设备装修标准、设备间环境要求、主干线缆的安装和管理方式。

（6）建筑群子系统要注意确定各建筑物之间线缆的路由走向、线缆规格选择、线缆布设方式、建筑物线缆入口位置。还要考虑线缆引入建筑物后，采取的防雷、接地和防火的保护设备及相应的技术措施。

4．其他方面设计

综合布线系统工程的其他方面设计也是影响系统工程质量的重要因素，包括：

（1）交直流电源的设备选用和安装方法（包括计算机、传真机、网络交换机、用户电话交换机等系统的电源）。

（2）综合布线系统在可能遭受各种外界干扰源的影响（如各种电气装置、无线电干扰、高压电线以及强噪声环境等）时，采取的防护和接地等技术措施。

（3）综合布线系统要求采用全屏蔽技术时，应选用屏蔽线缆以及相应的屏蔽配线设备。

（4）在综合布线系统中，对建筑物设备间和楼层配线间进行设计时，应对其面积、门窗、内部装修、防尘、防火、电气照明、空调等方面进行明确的规定。

2.1.3 综合布线子系统设计

根据综合布线系统模块化的设计思想，综合布线子系统设计分成工作区子系统 、水平子系统、垂直子系统、管理子系统、设备间子系统、建筑群子系统等几方面内容。

1．工作区子系统设计

工作区（又称服务区）子系统是指从终端设备（可以是电话、微机和数据终端，也可以是仪器仪表、传感器的探测器）连接到信息插座的整个区域，是工作人员利用终端设备进行工作的地方。

一个独立的需要设置终端的区域可以划分为一个工作区，通常每 5～10 m² 划分为一个工作区，在一个工作区内可设置一个数据点和一个语音点，也可以根据用户的需求来设置。

工作区可支持电话机、数据终端、微型计算机、电视机、监视及控制等终端设备的设置和安装。典型的终端连接系统如图 2-3 所示。

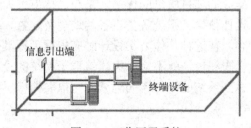

图 2-3　工作区子系统

（1）工作区子系统设计要点如下：

① 工作区内线槽的敷设要合理、美观；

② 信息插座设计在距离地面 30 cm 以上；

③ 信息插座与计算机设备的距离保持在 5 m 范围内；

④ 网卡接口类型要与线缆接口类型保持一致；

⑤ 所有工作区所需的信息模块、信息座、面板的数量要准确；

⑥ 计算 RJ-45 水晶头所需的数量（RJ-45 总量=4×信息点总量×(1+15%)）。

（2）工作区子系统设计操作步骤如下：

① 根据楼层平面图计算每层楼布线面积。

② 估算信息插座数量，一般设计两种平面图供用户选择：为基本型设计出每 9 m² 一个信息插座的平面图；为增强型或综合型设计出两个信息插座的平面图。

③ 定信息插座的类型。

（3）信息插座数量确定与配置。

信息插座可分为嵌入式安装插座、表面安装插座、多介质信息插座 3 种类型。其中，嵌入式安装插座用来连接 5 类或超 5 类双绞线，多介质信息插座用来连接双绞线和光纤，以解决用户对光纤到桌面的需求。

① 信息插座数量确定原则：根据建筑平面图计算实际空间，依据空间大小和设计等级以及用户具体要求计算信息插座数量。通常一个 5～10 m² 的工作区可设置两个信息插座，一个提供语音功能，另一个提供数据交换功能。

② 信息插座的配置：根据建筑物结构的不同，可采用不同的安装方式，新建筑物一般采用嵌入式安装插座，已有的建筑物重新布线则采用表面安装插座。每个工作区至少要配置一个插座盒。对于难以再增加插座盒的工作区，要至少安装两个分离的插座盒。

2．水平子系统设计

水平子系统也称为配线子系统，是由工作区的信息插座、信息插座到楼层配线设备（FD）的水平电缆或光缆、楼层配线设备和跳线组成。

水平子系统是从工作区的信息插座开始到管理子系统的配线架。水平子系统总是处在一个楼层上，并端接在信息插座或区域布线的中转点上，功能是将工作区信息插座与楼层配线间的水平分配线架连接起来。水平子系统如图 2-4 所示。

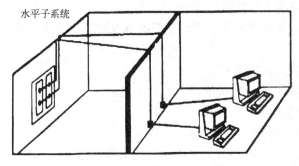

水平子系统

图 2-4　水平子系统示意图

（1）水平子系统设计要点如下：

① 根据建筑物的结构、布局和用途，确定水平布线方案；

② 确定电缆的类型和长度，水平子系统通常为星形结构，一般使用双绞线布线，长度不超过 90 m；

③ 用线必须走线槽或在天花板吊顶内布线，最好不走地面线槽；

④ 确定线路走向和路径，选择路径最短和施工最方便的方案；

⑤ 确定槽、管的数量和类型。

（2）水平子系统线缆选择。

① 选型必须与工程实际相结合；

② 选用的产品应符合我国国情和有关技术标准（包括国际标准、我国国家标准和行业标准）；

③ 近期和远期相结合；

④ 符合技术先进和经济合理相统一的原则。

（3）水平干线子系统布线方案。

水平子系统布线是将线缆从管理间子系统的配线间接到每一楼层的工作区的信息输入/输出（I/O）插座上。设计者要根据建筑物的结构特点，从路（线）最短、造价最低、施工方便、布线规范等几个方面考虑，优选最佳的方案。一般可采用以下 3 种类型：

① 直接埋管式；

② 先走吊顶内线槽，再走支管到信息出口的方式；

③ 适合大开间及后打隔断的地面线槽方式。

其余都是这 3 种方式的改良型和综合型。

3. 管理间子系统设计

管理间子系统由交连/互连的配线架、信息插座式配线架、相关跳线组成。管理间子系统为连接其他子系统提供手段，它是连接垂直子系统和水平子系统的设备，用来管理信息点（信息点少的情况下可以几个楼层设一个），其主要设备是交换机、机柜和电源，管理间子系统如图 2-5 所示。

在管理间子系统中，信息点的线缆是通过"信息点集线面板"进行管理的，而语音点的线缆通过 110 交连硬件进行管理。

信息点的集线面板有 12 口、24 口、48 口等，应根据信息点的多少配备集线面板。

（1）管理间子系统交连的几种形式。

在不同类型的建筑物中管理间子系统常采用单点管理单交连、单点管理双连接和双点管理双连接 3 种方式。

① 单点管理单交连如图 2-6 所示。

② 单点管理双连接如图 2-7 所示。

③ 双点管理双连接如图 2-8 所示。

（2）管理间子系统的设计要点如下：

① 管理间子系统中干线配线管理宜采用双点管理双连接；

② 管理间子系统中楼层配线管理应采用单点管理；

③ 配线架的结构取决于信息点的数量、综合布线系统的网络性质和选用的硬件；

④ 端接线路模块化系数合理；

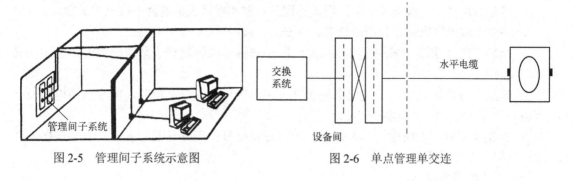

图 2-5 管理间子系统示意图　　　　图 2-6 单点管理单交连

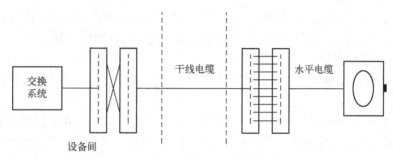

图 2-7 单点管理双连接

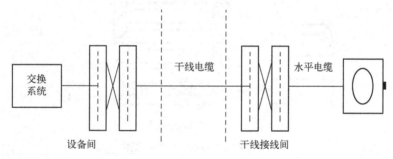

图 2-8 双点管理双连接

⑤ 设备跳接线连接方式要符合下列规定。

配线架上相对稳定一般不经常进行修改、移位或重组的线路，宜采用卡接式接线方法；

配线架上经常需要调整或重新组合的线路，宜使用快接式插接线方法。

4. 垂直干线子系统设计

垂直干线子系统负责连接管理子系统到设备间子系统，提供建筑物干线电缆，一般使用光缆或选用大对数的非屏蔽双绞线，由建筑物配线设备、跳线以及设备间至各楼层管理间的干线电缆组成。垂直干线子系统如图 2-9 所示。

（1）垂直干线子系统的设计要点如下：

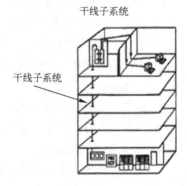

图 2-9 垂直干线子系统示意图

① 确定每层楼的干线电缆要求，根据不同的需要和经济因素选择干线电缆类别。

② 确定干线电缆路由，原则是最短、最安全、最经济。

③ 绘制干线路由图，采用标准中规定的图形与符号绘制垂直子系统的线缆路由图，确定好布线的方法。

④ 确定干线电缆尺寸，干线电缆的长度可用比例尺在图纸上量取，每段干线电缆长度要有备用部分（约10%）和端接容差。

⑤ 布线要平直，走线槽，不要扭曲；两端点要标号；室外部要加套管，严禁搭接在树干上；双绞线不要拐硬弯。

（2）光纤线缆的选择。

垂直干线子系统主干线多用光纤，光纤分单模、多模两种。从目前国内外应用的情况来看，采用单模结合多模的形式来铺设主干光纤网络，是一种合理的选择。

5．设备间子系统设计

设备间子系统由设备室的电缆、连接器和相关支撑硬件组成，通过电缆把各种公用系统设备互连起来。

设备间是综合布线系统的关键部分，是外界引入（公用信息网或建筑群间主干线）和楼内布线的交汇点，位置非常重要，通常放在楼宇的一、二层。设备间子系统如图2-10所示。

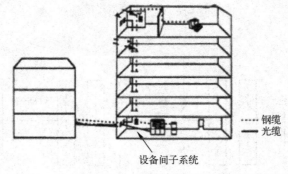

图 2-10　设备间子系统示意图

（1）设备间的设计要点。

① 设备间尽量选择建筑物的中间位置，以便使线路最短；

② 设备间要有足够的空间，能保障设备存放；

③ 设备间建设标准要按机房标准建设；

④ 设备间要有良好的工作环境；

⑤ 设备间要配置足够的防火设备。

（2）设备间中的设备。

设备间子系统的硬件大致同管理子系统的硬件相同，基本由光纤、铜线电缆、跳线架、引线架、跳线构成，只不过是规模比管理子系统大。

6．建筑群子系统设计

规模较大的单位毗邻建筑物较多，但彼此之间的语音、数据、图像和监控等系统可用传输介质和各种支持设备（硬件）连接在一起。连接各建筑物之间的缆线及相应设备组成建筑群子系统，也称楼宇管理子系统。

建筑群子系统如图 2-11 所示。

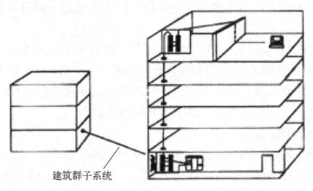

建筑群子系统

图 2-11　建筑群子系统示意图

（1）建筑群子系统的设计要点。

① 建筑群数据网主干线缆一般应选用多模或单模室外光缆；

② 建筑群数据网主干线缆需使用光缆与电信公用网连接时，应采用单模光缆，芯数应根据综合通信业务的需要确定；

③ 建筑群主干线缆宜采用地下管道方式进行敷设，设计时应预留备用管孔，以便为扩充使用；

④ 当采用直埋方式时，电缆通常离地面 60 cm 以下的地方。

（2）建筑群子系统中的电缆敷设方法。

① 架空电缆布线；

② 直埋电缆布线；

③ 管道系统电缆布线；

④ 隧道内电缆布线；

2.1.4　布线工程绘图工具软件 Visio

综合布线系统在设计的过程中必须根据实际情况完成工程图纸的绘制，绘制清晰标准的施工图纸是综合布线工程设计的一个重要内容。以信息学院校园网综合布线工程为例，需要完成整体楼宇施工图纸的绘制，同时要绘制楼宇内具体部位的施工图纸等。

绘制综合布线施工图纸既然是综合布线系统工程设计中的一项重要内容，对于工程设计人员而言，如何能够既快又好地完成这一任务就非常关键了。施工图纸的绘制有多种方法，通过对目前市场中的各种绘图软件的比较、筛选，作者发现 Microsoft Visio 是绘制施工图纸较理想的软件。该软件易学、易懂、易用，是一款适合综合布线工程设计人员的好工具，因此必须了解该软件的相关知识。

1．Visio 概述

Visio 是世界上最优秀的商业绘图软件之一，它可以帮助用户创建业务流程图、软件流程图、数据库模型图和平面布置图等。因此，不论用户是行政或项目规划人员，还是网络设计师、网络管理者、软件工程师、工程设计人员，或者是数据库开发人员，Visio 都能在用户的工作中派上用场。

Visio 可以建立网络工程图、流程图、组织图、时间表、营销图和其他更多图表。Visio 2007 的强劲功能使创建图表更为简单、快捷，使人们的工作在一种视觉化的交流方式下变得更有效率。

作为 Microsoft Office 家族的成员，Visio 拥有与其他 Office 系列产品非常相近的操作界面，所以接触过 Word 的人都不会觉得陌生。与 Word 一样，Visio 2007 具有任务面板、个人化菜单、可定制的工具条以及答案向导帮助。它内置自动更正功能、Office 拼写检查器、键盘快捷方式，非常便于与 Office 系列产品中的其他程序共同工作。

（1）Visio 安装和激活。

安装和激活 Visio 的过程既快速又简单。开始安装前，请在光盘盒上找到产品密钥。为避免安装冲突，应关闭所有程序并关闭防病毒软件；然后，将 Visio CD 插入 CD-ROM 驱动器中。在大多数计算机上，Visio 安装程序会自动启动并引导用户完成整个安装过程。

Visio 安装步骤如下：

① 输入产品密钥。

② 单击"立即安装"按钮进行安装。如果需要更改安装路径、安装选项或用户信息等，单击"自定义"进行相关设置后，再单击"立即安装"。

③ 安装结束后，单击"关闭"按钮完成安装。

如果 Visio 安装程序不自动启动，请完成以下步骤。

手动启动 Visio 安装程序的步骤如下：

① 将 Visio CD 插入 CD-ROM 驱动器中。

② 在"开始"菜单上单击"运行"。

③ 键入 drive:\setup（用该 CD-ROM 驱动器所用的盘符替换 drive）。

④ 单击"确定"按钮。

Visio 安装程序随即启动并引导用户完成整个安装过程。

（2）Microsoft Visio 集成环境。

Microsoft Visio 拥有简单易用的集成环境，同时在操作使用上沿袭了微软软件的一贯风格，即简单易用、用户友好性强的特点，是完成综合布线设计图纸绘制的绝佳工具。与许多提供有限绘图功能的捆绑程序不同，Visio 提供了一个专用、熟悉的 Microsoft 绘图环境，配有一整套范围广泛的模板、形状和先进工具（如图 2-12 所示）。用户利用它可以轻松自如地创建各式各样的业务图表和技术图表。

提示：Visio 2007 中包含"图示库"，它提供了 Visio 中各种图表类型的图表示例，并说明了哪些用户可以使用它们以及如何使用它们。要浏览这些图表示例，请单击"帮助"菜单上的"示例图表"。图 2-13～2-16 是一些图表模板示例。

说明：网络经理可以创建逻辑网络图来显示网络的高级视图；IT 专业人员可以使用逻辑网络图表来确定各地理位置之间的互连方式；IT 工程师可以标识网络通信中的障碍或堵塞情况。

说明：后勤经理可以将基本网络图并入灾难恢复计划和有关公司资产的文档中；网络经理可以使用基本网络图来显示整个组织的产品分布情况；雇员可以借助基本网络图查找打印

机、复印机和其他设备。

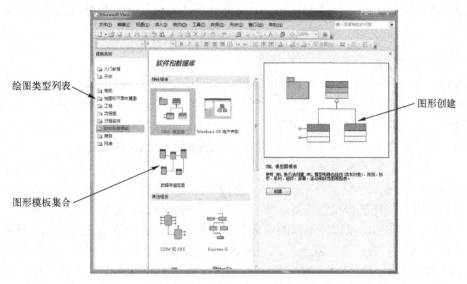

图 2-12 Microsoft Visio 集成环境

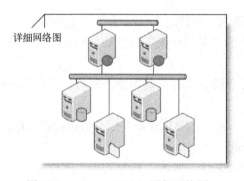

图 2-13 Microsoft Visio 详细网络图

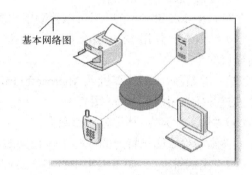

图 2-14 Microsoft Visio 基本网络图

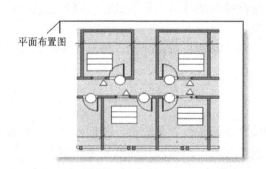

图 2-15 Microsoft Visio 平面布置图

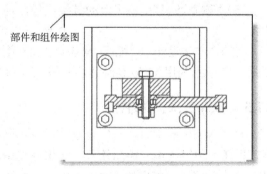

图 2-16 Microsoft Visio 部件和组件绘图

说明：建筑师可以使用平面布置图来快速显示各种布局选项；总承包商可以使用平面布置图来设定建筑物的最佳布线图；后勤经理可以对提出的平面布置图进行批注，然后将其交回建筑师审阅。

说明：机械工程师可以用图表来说明液压系统、流体动力设备和阀门；工程组可以分享设计概念，并对这些概念一一进行评论；工程师可以将二维机械工程图与三维设计方法结合使用。

2．Visio 操作方法

Visio 提供一种直观的方式来进行图表绘制，不论是制作一幅简单的流程图还是制作一幅非常详细的技术图纸，都可以通过程序预定义的图形，轻易地组合出图表。在"任务窗格"视图中，用鼠标单击某个类型的某个模板，Visio 即会自动产生一个新的绘图文档，文档左边的"形状"栏显示出极可能用到的各种图表元素——SmartShapes 符号。

在绘制图表时，只需要用鼠标选择相应的模板，单击不同的类别，选择需要的形状，拖动 SmartShapes 符号到绘图文档上，加上一定的连接线，进行空间组合与图形排列对齐，再加上新引入的边框、背景和颜色方案，步骤简单、迅速、快捷、方便。也可以对图形进行修改或者创建自己的图形，以适应不同的业务和不同的需求，这也是 SmartShapes 技术带来的便利，体现了 Visio 的灵活。甚至，还可以为图形添加一些智能，如通过在电子表格（像 ShapeSheet 窗口）中编写公式，使图形意识到数据的存在或以其他的方式来修改图形的行为。例如：一个代表门的图形"知道"它被放到了一个代表墙的图形上，就会自动适当地进行一定角度的旋转，互相嵌合。

另外，Visio 2007 包括以下可以帮助用户更迅速、巧妙地工作的任务窗格：

（1）"审阅"：使用 Microsoft Office Visio 中的"跟踪标记"功能轻松地在绘图中建议或查看建议的更改。

（2）"剪贴画"：在计算机或 Microsoft Office Online 上搜索剪贴画，然后将这些剪贴画合理地安排并插入用户的 Visio 图表中。

（3）"信息检索"：使用包含百科全书、字典和辞典的 Microsoft 信息咨询库在 Microsoft 网站上搜索和检索图表特定的或与工作相关的主题。

（4）"文档管理"：如果组织中有多人协同处理文件，版本、注释和电子邮件有时会分散在不同位置。使用文档工作区网站，有助于提高人们的协同工作效率。

（5）"刷新冲突"：使用自动链接向导，通过将例值与现有形状数据进行比较来快速解决冲突。

在综合布线设计中，常用 Visio 绘制网络拓扑图、布线系统拓扑图、信息点分布图等。如图 2-17 所示为用 Visio 绘制楼层布线示意图。

2.1.5 Visio 绘制布线图

通过 Visio 的学习，并结合信息学院校园网综合布线工程任务分析，我们知道了如何根据工程任务利用 Visio 绘图软件制作出施工用的图纸文件。因所涉及图纸较多，不能一一列出，仅能以信息学院网络布线工程的 1 号楼至 2 号楼间光纤布线图为实例予以示明，如图 2-18 所示。

任务实施——工程设计案例

根据信息学院信息中心综合布线工程任务的描述以及相关知识的学习，我们知道了网络综合布线系统工程设计的方法与步骤。结合具体工程案例，设计方案如下：

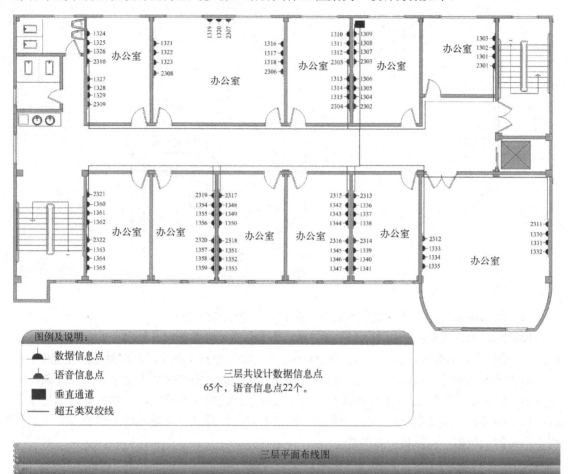

图例及说明：

数据信息点

语音信息点

垂直通道

超五类双绞线

三层共设计数据信息点
65个，语音信息点22个。

三层平面布线图

图 2-17　楼层布线示意图

学校网络综合布线工程设计方案

一、用户需求分析

根据用户单位环境布局（见图 1-1）和实际需要，经过实地测量，本工程主要任务是楼宇（建筑群）之间及网管中心（2 号楼）要采用光纤进行连接，其余楼内及其他各节点处采用双绞线布线。其中，信息中心（2 号楼 5 层）是整个校园网连接的中心，通过它能够使整个校区的互联，形成统一、高效、实用、安全的校园网，具体综合布线系统工程的需求如下：

（1）系统为开放式结构，支持高速率数据传输，能传输数字、多媒体、视频、音频信息。

（2）能够满足学院日常办公、对外交流、教学过程和教务管理需要。

（3）能够通过中国网通、中国电信和中国教育网联入 Internet。

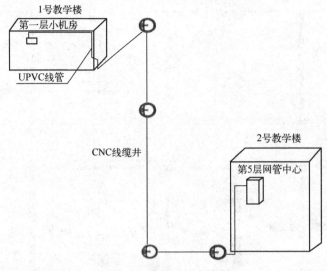

1号教学楼和2号教学楼间光纤布线图

图 2-18　楼间光纤布线图

（4）能够根据实际需要，系统具有可扩展性、开放性和灵活性。

根据用户单位提供的平面图，统计有 760 个信息点，分布于 1、2、3、4 号各楼内。其中，1 号楼信息点 100 个，2 号楼信息点 200 个，3 号楼信息点 160 个，4 号楼信息点 300 个。

本布线系统设计选用超 5 类或 6 类布线系统解决方案，所有的数据主干选用光纤系统解决方案，语音主干选用 3 类大对数铜缆。整个布线系统选用星形结构，各信息点自插座至各楼层弱电竖井处上楼层配线架，最后通过数据/语音主干线缆统一连接至位于信息中心（2 号楼 5 层）的主机房，以便集中式管理。

二、布线系统设计依据

1．设计标准

（1）IEEE 802.3 局域网标准；

（2）EIA/TIA 568-B.2.1（2002.6）100 Ω，工业及国际商务建筑布线标准；

（3）EIA-569 民用建筑通信通道和空间标准；

（4）EIA-606 民用建筑通信管理标准；

（5）ISO/IEC 11801 标准建筑电气设计规范；

（6）EM55022/ ClassB 级/DDINVDE0878EMC 电磁干扰标准；

（7）EIA/TIA 568B-2 工业及国际商务建筑布线标准；

（8）建筑与建筑群综合布线系统工程设计规范 GB/T 50311-2007；

（9）智能建筑设计标准 GB/T 50314-2006；

（10）综合布线系统工程设计规范 GB50311-2007；

（11）计算机场地技术要求 GB2887；

（12）计算机场地安全要求 GB9361-88；

（13）建筑物防雷设计规范 GB 50057-94；

（14）电子设备雷击保护原则 GB7405-87；

（15）大楼通信综合布线系统 YD/T926-1997；

（16）民用建筑电气设计规范 JGJ/T1692；

（17）中国工程建设标准化协会《建筑与建筑物综合布线系统工程设计规范（CECS72:95）》。

2．安装与验收规范

（1）室内电话线路工程设计规范 YDJ8-85；

（2）《建筑与建筑物综合布线系统施工和验收规范（CECS89:97）》；

（3）中国电气装置安装工程施工及验收规范 GBJ232.82；

（4）《市内电信网光纤数字传输系统工程设计暂行技术规定（YDJ13-88）》；

（5）《工业企业通信设计规范（GBJ42-81）》；

（6）大楼通信综合布线系统（YD/T926.1.1997）第 1 部分：总规范；

（7）大楼通信综合布线系统（YD/T926.2.1997）第 2 部分：综合布线用电缆、光缆技术要求；

（8）大楼通信综合布线系统（YD/T926.3.1998）第 3 部分:综合布线用连接硬件技术要求。

3．设计原则

（1）全部采用符合综合布线标准的产品，项目中采用的所有产品均符合国际 EIA/TIA 568 及国内布线相关标准。

（2）水平和骨干系统采用星形拓扑水平线缆长度最大不能超过 90 m，如果考虑跳线、接插线和设备电缆，可再增加 10 m，超过 10 m 的长度应从水平配线系统的 90 m 限额中减去。

（3）对于每个建筑物，所选择的光纤应满足业务和距离的要求。

（4）符合布线标准的结构化设计，便于信息点的增加、扩展、变更、移动，易于系统维护管理。

（5）每个主配线终端和通信配线间的话音和数据终端应分开。

（6）每个工作站或工作区域应有两条四对专用水平线缆，分别用于话音、数据。

（7）电信配线间的位置设置应满足 90 m 的最长水平配线要求。超出 90 m 时，采用多个配线间。

4．布线要求

校园网络计算机主机房位于信息中心 5 层，然后通过光缆分别连至校内的其他建筑，在各建筑内部采用选用超 5 类或 6 类布线连接到设备间的配线架上。

三、系统组成

综合布线系统由工作区子系统、水平子系统、管理子系统、垂直干线子系统、设备间子系统、建筑群子系统组成。

1．工作区子系统设计

工作区子系统由终端设备连接到信息插座的连线以及信息插座组成。工作区子系统中各工作区采用高架地板布线方式，该方式施工简单，方便管理，布线美观，并且可以随时扩充。先在高架地板下安装布线管槽，然后从走廊地面或桥架中引入缆线穿入管槽，再连接至安装于地板的信息插座即可。安装在墙壁上的信息插座应距离地面 30 cm 以上。信息插座与计算机终端设备的距离保持在 5 m 以内。每一个工作区至少应配置一个 220 V 交流电源插座，工作区的电源插座应选用带保护接地的单相电源插座，保护地线与零线应严格分开。终端网卡的接口要与线缆类型接口保持一致。所有工作区所需的信息模块数为 783 个、信息插座 787 个、面板的数量 1574 个、双绞线跳线时所需的 RJ-45 水晶头数量为 3496 个。信息模块的需求量一般为 m=n+n×3%。其中，m 表示信息模块的总需求量；n 表示信息点的总量；n×3%表示富余量。RJ-45 水晶头的需求量一般为 m=n×4+n×4×15%。其中，m 表示 RJ-45 水晶头的总需求量；n 表示信息点的总量；n×4×15%表示留有的富余量。

（1）模块安装方法如下：

① 将双绞线按模块上标明的颜色对应插入；

② 将上面板往下扣好，保证每条线都对应入槽；

③ 将模块扣上面板。

（2）插座面板选择要求如下：

使用标准双位插座面板，并具有防尘弹簧盖板，其功能有单口、双口、斜角双口 3 种规格，外形尺寸：86 mm×86 mm，可配合底座明装盒或暗盒使用。

2．水平子系统设计

水平子系统主要是实现信息插座和管理子系统，即中间配线架间的连接。水平子系统布线距离应不超过 90 m，信息插孔到终端设备连线不超过 10 m，RJ45 埋入式信息插座与其旁边电源插座应保持 20 cm 的距离，信息插座和电源插座的低边沿线距地板水平面 30 cm，水平双绞线布线从房间内的信息点引出并布到相应的配线机柜内。其设计采用 PVC 线槽安装，预埋在墙体中间的最大管径为 50 mm，楼板中暗管的最大管径为 25 mm，直线布管每 30 m 处设置过线盒装置，暗管的转弯角度大于 90°，根据案例中校园网综合布线设计方案，对配置信息点插座应采取安装在墙底面壁上，楼间连接选用多模光纤，从校园平面图可以大致估算出实际距离，部分可以利用原有的管道，其余采用架空方式或重新铺设地下管道。水平电缆自插座（距地面通常为 30 cm）走墙内预埋管，至吊顶出房间汇至走廊水平线槽，最后至楼层配线间，走廊的吊顶上应安装有金属线槽，进入房间时，从线槽引出金属管，以埋入方式沿墙壁而下（或上）到各个信息点。

3．管理子系统设计

管理子系统由交连、互连和输入/输出组成，实现配线管理，为连接其他子系统提供手段。对于案例中校园网而言，在设计方案中，将各个楼层的信息点通过 PVC 管槽走墙边通向各个楼层的配线机柜，机柜里放置超 5 类 24 口配线架，对各个信息点的接头进行跳线配置，再通过配线架与交换机相连。采用超 5 类 24 口配线架（由安装板和超 5 类 RJ45 插座模块组合而成），可安装在标准机架上，只占用1U 空间，占用地方小，搬运迁移方便。插座正面是标准的 RJ45 插座，端口性能达到超 5 类性能的要求，屏蔽性能完全符合标准要求。数据主干光缆的端接采用 12 端口光纤分线盒。超 5 类系列跳线在设备间用于连接配线架到网络设备端口，在终端用于连接墙面插座到终端设备的计算机网络接口。

4．垂直干线子系统设计

垂直干线子系统指提供建筑物的主干电缆的路由，是实现主配线架与中间配线架、计算机、PBX、控制中心与各管理子系统间的连接。干线子系统采用星形拓扑结构，所有通信要经过中心节点来支配，维护管里方便，便于重新配置，用户可以在楼层配线架上任意增加、删除、移动、互换某个或某些信息插座，而且仅仅涉及它们所连接的终端设备，便于故障隔离与检测。垂直干线主干采用 8 芯多模光纤，其优点是：光耦合率高，纤芯对准要求相对较宽松。当计算机数据传输距离超过 100 m 时，用光纤作为主干将是最佳选择，其传输距离可达到 2 km。布线时光纤电缆要走线槽；在地下管道中穿过时要用 PVC 管；在拐弯处，其曲率半径为 50 cm；光纤电缆的室外裸露部分要加铁管保护，铁管要固定牢固，不要拉得太紧或太松，并要有一定的膨胀收缩余量；而在埋地走线时，要加铁管加以保护以防止发生意外。

5. 设备间子系统设计

设备间子系统由设备室的电缆、连接器和相关支持硬件组成，把各种公用系统设备互相连接起来。本校园网采用多设备间子系统，包括网络中心机房、办公教学楼、其公共场所设备间子系统。网络中心机房设备间配线架、交换机安装在标准机柜中，光纤连接到机柜的光纤连接器上。办公教学楼、图书馆等设备间子系统配备标准机柜，柜中安装光纤连接器、配线架和交换机等，通过水平干线线缆连接到相应网络机柜的配线架上，通过跳线与交换机相连。并且设备间电缆孔是一个很短的管道，用直径为 10 cm 的刚性金属管做成，把它嵌在混凝土地板中，这是在浇注混凝土地板时嵌入的，比地板轮廓高出 2.5～10 cm。电缆捆在钢绳上，而钢绳又安稳到墙上已铆好的金属条上。而设备间所用电频率为 50 Hz，电压为 380 V/220 V，为了遵照设备间放置的设备需要，可用玻璃将设备阻隔成若干个房间。隔断能够选用防火的铝合金或轻钢作龙骨，安置 10 mm 厚玻璃，或从地板面至 1.2 m 安置难燃双塑板，1.2 m 以上安置 10 mm 厚玻璃。

6. 建筑群子系统设计

建筑群子系统是实现建筑之间的相互连接，提供楼群之间通信设施所需的硬件。在有线通信线缆中，建筑群子系统多采用 62.5/125 μm 单模光纤，最大传输距离为 1 km，满足该学院网内的距离需求，并把光纤埋入到地下管道中即直埋电缆布线。在校园网综合布线设计方案中将使用光纤把各教学办公综合楼、教学楼、图书馆、教工宿舍楼互连，并集中于教学办公综合楼网络中心，其敷设方式采用暗埋深沟填铺的方式进行。在设计中进入主设备间的所有光纤、大多数电缆、电信电缆都采用金属桥架或钢管进行硬件保护，同时采用 IDC 线对保护器对铜缆予以电气保护，避免人员和设备免遭外部电压和电流的伤害。

四、工程实施内容

1. 布线设计

在完成布线工艺配置方案并得到对方确认后，需与有关建筑设计部门合作完成建筑的管线设计或修正。

2. 布线施工与督导

在布线过程中，除具体施工外，还需要实施技术性的指导和非技术的工程管理、协调。

3. 线路测试

工程完工后，将选用布线产品厂家认定的专用仪器对系统进行导通、接续测试，并提交测试证明报告。

4．系统联调

在系统的线路测试后，选择若干站点，对外部连接网络设备进行联通测试，并提供测试报告。

5．工程验收

完成上述两项测试后，双方签字认定工程验收完毕，并协同布线产品公司完成工程保证体系。

6．文档

验收后，乙方将以文本方式向甲方提供系统设计与方案配置、施工记录等在内的文档。

五、布线系统保护

综合布线电缆和相关连接硬件接地是提高应用系统可靠性、抑制噪声、保障安全的重要手段。因此，设计人员、施工人员在进行布线设计施工前，都必须对所有设备，特别是应用系统设备的接地要求进行认真研究，弄清接地要求以及各类地线之间的关系。如果接地系统处理不当，将会影响系统设备的稳定性，引起故障，甚至会烧毁系统设备，危害操作人员生命安全。综合布线系统机房和设备的接地，按不同作用分为直流工作接地、交流工作接地、安全保护接地、防雷保护接地、防静电接地及屏蔽接地等。

1．机房独立接地要求

根据《电子计算机机房设计规范－GB 50174-93》中对接地的要求：交流工作接地、安全保护接地、防雷接地的接地电阻应不大于 4 Ω，本设计的接地电阻不大于 2 Ω，以提高安全性和可靠性。机房设独立接地体接地网，要求接地桩距离大楼基础 15～20 m。

2．机房接地系统

计算机接地系统是防止寄生电容耦合的干扰，保护设备和人员的安全，保证计算机系统稳定可靠运行的重要措施。如果接地与屏蔽正确结合起来，那么在抗干扰设计上是最经济而且效果最显著的一种。因此，为了能保证计算机系统安全、稳定、可靠的运行，保证设备人身的安全，针对不同类型计算机的不同要求，设计出相应的接地系统。

3．线路防护

进入建筑物的所有线路必须安装电涌保护器，低压配电线路应设计三级保护。

六、网络中心布线位置

信息中心楼布线是本次工程任务的关键，所有布线任务均以网管中心为核心进行，因此单独做一下介绍，具体如下：

（1）网管中心建立在信息中心楼 5 层 501 房间。

（2）管理间设在信息中心楼 1 层 101 房间（可以和设备间混用）。

（3）每层设备间分别设在信息中心楼 2 层 201 房间、3 层 301 房间、4 层 401 房间。

（4）网管中心与其他各楼层设备间的连接采用光缆敷设，作为主干线。

（5）每楼层中（假设每层信息点不超过 100 个）以超 5 类非屏蔽双绞线为主体的水平干线，布线结构为星形结构。

（6）网管中心机柜选用 1.9 m 国产标准机柜，其他网络管理间使用 0.5 m 国产标准机柜。

（7）信息端口分布如下表所示。

楼 层 号	房 间 数	每房间信息点数	信息点总数
第1层	9	4	36
第2层	12	6	72
第3层	10	6	60
第4层	15	4	60
第5层	12	4	48

图 2-19 是其中一个房间的综合布线布置图。

信息职业技术学院校园网络中心布置图

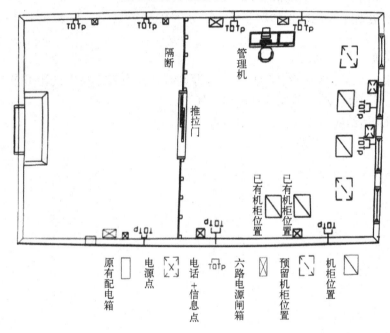

图 2-19 网络中心综合布线设计布置图

☯ **同步训练**

一、思考练习

（1）综合布线系统设计分几个等级？每个设计等级的基本配置是什么？
（2）综合布线系统设计的原则是什么？主要内容是什么？流程有哪些？
（3）在工作区子系统中，如何确定信息插座数量？
（4）在水平子系统中，线缆用量计算常使用什么方法？
（5）简要说明工程图纸绘制要点。

二、实训

1. 实训题目
办公楼网络综合布线系统工程设计。

2. 实训目的

根据办公楼的实际情况，明确网络布线系统的设计原则、等级，熟悉各子系统的设计要求，完成设计方案，掌握综合布线系统的基本设计方法。

3. 实训内容

勘查办公楼实际现场，确定各子系统的位置，完成办公楼网络布线工程各子系统设计。

4. 实训方法

① 了解办公楼的规模、层数、结构和任务需求。

② 确定信息种类和信息点数量。

③ 确定设备间和管理间位置。

④ 确定设计范围、目标和标准。

⑤ 设计方案确定（包括工作区子系统、水平配线子系统、垂直干线子系统等内容的设计）。

5. 实训总结

① 根据综合布线系统的设计步骤、设计原则和设计内容，写出设计报告，要求文字简练，通俗易懂，并利用 Visio 绘图软件画出布线图。

② 按照附录所给实训报告样式写出报告。

模块 3　通信介质与布线组件

学习目标

【知识目标】

◆ 掌握双绞线、同轴电缆以及光缆的组成、特点、性能及分类；

◆ 掌握双绞线、同轴电缆以及光缆的选择方法；

◆ 了解无线传输介质的特性；

◆ 掌握各种布线组件的名称、功能；

◆ 熟悉各种布线组件的分类及其相应的特点。

【能力目标】

◆ 能够为真实的综合布线系统选择合适的通信介质；

◆ 能够为真实的综合布线系统选择适当的布线组件。

　　综合布线系统主要解决的是网络中信号通信的问题，而承担信号通信任务的就是传输介质，它可分为有线和无线两种，有线仅是利用电缆或光缆来充当传输导体，而无线则不必。在一个网络综合布线工程中，首要的问题就是确定最合适的传输介质。

任务 1　选择通信介质

一、任务引入

　　综合布线系统中各种应用设备的连接都是通过传输介质和相关硬件来完成的，不同需求、不同环境对介质的要求不同。综合布线系统中传输介质选择的正确与否、质量的好坏，对网络布线的质量和网络传输的速度都有很大的影响，它直接关系到布线系统的可靠性和稳定性。因此，充分了解不同传输介质的特性，对于使用线缆来设计网络布线方案有着很重要的意义。本任务根据信息学院信息中心楼网络布线项目的要求，通过选取合适的通信介质，满足工程任务需要。具体任务如下：

　　（1）为校园内楼间选择合适的通信介质；

　　（2）为信息中心楼楼层之间选择合适的通信介质，并接入 Internet；

　　（3）为信息中心楼各层楼及房间选择合适的通信介质。

二、任务分析

　　根据前面提出的具体任务以及目前市场上通信介质的应用情况，通过对比分析，得出以下结论：校园内楼间选用光纤作为主干网的通信介质；信息中心楼楼层之间作为一个垂直干线子系统，对网络的性能要求较高，而且要求接入 Internet，适合选用光纤作为通信介质；

信息中心楼各层楼作为一个水平子系统，信息流量较大，适合选用光纤作为通信介质；对于每层楼上的房间，由于所涉及的范围相对较小，适合选用 5 类非屏蔽双绞线作为通信介质。

通过分析，本任务涉及通信介质的性能及适用范围，下面对介质的相关知识进行讲解。

 知识链接——通信介质

网络传输介质是在网络中信息传输的媒体，常用的传输介质通常分为有线传输介质和无线传输介质两大类。有线传输介质主要包括双绞线、同轴电缆和光纤 3 种，无线传输介质主要包括无线电波、微波、红外线和激光等。

3.1.1 同轴电缆

1. 组成及分类

同轴电缆（Coaxial cable）由一对导体以"同轴"的方式构成，如图 3-1 所示。一般的同轴电缆共有 4 层，最里层是由铜质导线组成的内芯，外包一层绝缘材料，这层绝缘材料外面环绕着一层密织的网状屏蔽层，用来将电磁干扰屏蔽在电缆之外，最外面是起保护作用的塑料外套。单根同轴电缆的直径约为 1.02～2.54 cm。与双绞线相比，同轴电缆的屏蔽性更好，因此在更高速度上可以传输得更远。

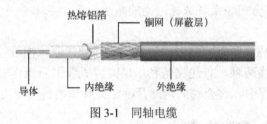

图 3-1　同轴电缆

常用的同轴电缆基本上分为两种：一种是 50 Ω 电缆，用于数字传输，由于多用于基带传输，也叫基带同轴电缆；另一种是 75 Ω 电缆，用于模拟传输，也叫作宽带同轴电缆。

（1）基带同轴电缆。

基带同轴电缆的特点是阻抗特性均匀，具有极好的电磁干扰屏蔽性能，在传输过程中，信号将占用整个信道，因而数字信号可以直接加载到电缆上，基带同轴电缆最高传输速率为 10 Mbit/s，一般最大传输距离为 1 千米或几千米。

（2）宽带同轴电缆。

宽带同轴电缆用于传输不同频率的模拟信号，大家非常熟悉的有线电视网 CATV 就使用的是宽带同轴电缆。宽带同轴电缆的传输性能要比基带同轴电缆高，但为了在模拟网上传输数字信号，要在接口处安放一个信号处理设备（例如调制解调器），将进入网络的比特流转换为模拟信号，并将网络输出的模拟信号再转换成比特流。

2. 参数指标

（1）主要电气参数。

① 同轴电缆的特性阻抗：同轴电缆的平均特性阻抗为 50±2 Ω，沿单根同轴电缆的阻抗的周期性变化为正弦波，中心平均值±3 Ω，其长度小于 2 m。

② 同轴电缆的衰减：一般指 500 m 长的电缆段的衰减值。当用 10 MHz 的正弦波进行

测量时，它的值不超过 8.5 db（17 db/km），而用 5 MHz 的正弦波进行测量时，它的值不超过 6.0 db（12 db/km）。

③ 同轴电缆的传播速度：需要的最低传播速度为 0.77 C（C 为光速）。

④ 同轴电缆直流回路电阻：电缆的中心导体的电阻与屏蔽层的电阻之和不超过 10 mΩ/m。

（2）主要物理参数。

同轴电缆具有足够的可柔性，能支持 254 mm 的弯曲半径。中心导体是直径为 2.17 mm± 0.013 mm 的实心铜线。绝缘材料必须满足同轴电缆电气参数。屏蔽层由满足传输阻抗和 ECM 规范说明的金属带或薄片组成，屏蔽层的内径为 6.15 mm，外径为 8.28 mm。外部隔离材料一般选用 PVC 材料。

3.1.2　双绞线

1. 组成及分类

双绞线（Twisted pair）是综合布线工程中最常用的一种传输介质。双绞线由两根具有绝缘保护层的铜导线组成，如图 3-2 所示。 把两根绝缘的铜导线按一定密度互相绞在一起，可降低信号干扰的程度，每一根导线在传输中辐射的电波会被另一根线上发出的电波抵消。如果把一对或多对双绞线放在一个绝缘套管中便成了双绞线电缆。与其他传输介质相比，双绞线在传输距离、信道宽度和数据传输速度等方面均受到一定限制，但价格较为低廉。

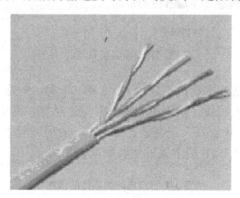

图 3-2　双绞线

虽然双绞线主要是用来传输模拟声音信息的，但同样适用于数字信号的传输，特别适用于较短距离的信息传输。在传输期间，信号的衰减比较大，并且产生波形畸变。采用双绞线的局域网的带宽取决于所用导线的质量、长度及传输技术。只要精心选择和安装双绞线，就可以在有限距离内达到每秒几百万位的可靠传输率。当距离很短，并且采用特殊的电子传输技术时，传输率可达 100～155 Mbit/s。由于利用双绞线传输信息时要向周围辐射，信息很容易被窃听，因此要花费额外的代价加以屏蔽。目前，双绞线可分为屏蔽双绞线（STP，Shielded Twisted Pair）和非屏蔽双绞线（UTP，Unshielded Twisted Pair）。

（1）屏蔽双绞线。

如图 3-3 所示，STP 的外层由铝箔包裹，以减小辐射，但并不能完全消除辐射。但它有较高的传输速率，100 m 内可达到 155 Mbit/s。屏蔽双绞线价格相对较高，安装时要比非屏蔽双绞线困难。类似于同轴电缆，它必须配有支持屏蔽功能的特殊连接器和相应的安装技术。所以，除非有特殊需要，通常在综合布线系统中只采用非屏蔽双绞线。

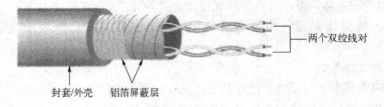

图 3-3　屏蔽双绞线

（2）非屏蔽双绞线

如图 3-4 所示，UTP 对电磁干扰的敏感性较大，而且绝缘性不是很好，信号衰减较快，与其他传输介质相比，在传输距离、带宽和数据传输速率方面均有一定的限制。它的最大优点是直径小、重量轻、易弯曲、价格便宜、易于安装，具有独立性和灵活性，适用于结构化综合布线，所以广泛用于传输模拟信号的电话系统。

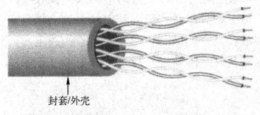

图 3-4　非屏蔽双绞线

通常，还可以将双绞线按电气性能划分为：3 类、4 类、5 类、超 5 类、6 类、7 类双绞线等类型，数字越大、版本越新、技术越先进、带宽也越宽。网络综合布线使用第 3、4、5类。3 类、4 类线目前在市场上几乎没有了。目前在一般局域网中常见的是 5 类、超 5 类或者 6 类非屏蔽双绞线。几种 UTP 的主要性能参数见表 3-1。

表 3-1　UTP 的主要性能参数

UTP 类别	最高工作频率（MHz）	最高数据传输率（Mbit/s）	主 要 用 途
3 类	16	10	10base-T 网络
4 类	20	16	10base-T 网络
5 类	100	100	10base-T 和 100base-T 的网络
超 5 类	100	1000	10base-T、100base-T 和 1 000 Mbit/s 的网络
6 类	250	1000	1 000 Mbit/s 的以太网

2．性能指标

对于双绞线，用户最关心的是表征其性能的几个指标。这些指标包括衰减、近端串扰、阻抗特性、分布电容、直流电阻等。

（1）衰减。

衰减（Attenuation）是沿链路的信号损失度量。衰减与线缆长度有关系，随着长度的增

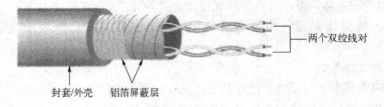

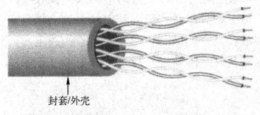

加，信号衰减也随之增加。衰减用"db"作单位，表示源传送端信号到接收端信号强度的比率。由于衰减随频率而变化，因此应测量在应用范围内的全部频率上的衰减。

（2）近端串扰。

串扰分近端串扰（NEXT）和远端串扰（FEXT），测试仪主要是测量 NEXT，由于存在线路损耗，因此 FEXT 的影响较小。近端串扰损耗是测量一条 UTP 链路中从一对线到另一对线的信号耦合。对于 UTP 链路，NEXT 是一个关键的性能指标，也是最难精确测量的一个指标。随着信号频率的增加，其测量难度将加大。NEXT 并不表示在近端点所产生的串扰值，它只是表示在近端点所测量到的串扰值。这个量值会随电缆长度不同而变，电缆越长，其值变得越小。同时发送端的信号也会衰减，对其他线对的串扰也相对变小。实验证明，只有在 40 m 内测量得到的 NEXT 是较真实的。如果另一端是远于 40 m 的信息插座，那么它会产生一定程度的串扰，但测试仪可能无法测量到这个串扰值。因此，最好在两个端点都进行 NEXT 测量。现在的测试仪都配有相应设备，使得在链路一端就能测量出两端的 NEXT 值。

（3）直流电阻。

直流环路电阻会消耗一部分信号，并将其转变成热量。它是指一对导线电阻的和，11801 规格的双绞线的直流电阻不得大于 19.2 Ω。每对间的差异不能太大（小于 0.1 Ω），否则表示接触不良，必须检查连接点。

（4）特性阻抗。

与环路直流电阻不同，特性阻抗包括电阻及频率为 1～100 MHz 的电感阻抗及电容阻抗，它与一对电线之间的距离及绝缘体的电气性能有关。各种电缆有不同的特性阻抗，而双绞线电缆则有 100 Ω、120 Ω 及 150 Ω 几种。

（5）衰减串扰比（ACR）。

在某些频率范围，串扰与衰减量的比例关系是反映电缆性能的另一个重要参数。ACR 有时也以信噪比（Signal-Noise Ratio，SNR）表示，它由最差的衰减量与 NEXT 量值的差值计算得出。ACR 值较大，表示抗干扰的能力较强。一般系统要求至少大于 10 分贝。

（6）电缆特性。

通信信道的品质是由它的电缆特性描述的。SNR 是在考虑到干扰信号的情况下，对数据信号强度的一个度量。如果 SNR 过低，将导致数据信号在被接收时，接收器不能分辨数据信号和噪音信号，最终引起数据错误。因此，为了将数据错误限制在一定范围内，必须定义一个最小的可接收的 SNR。

3．常用的双绞线电缆

（1）5 类 4 对非屏蔽双绞线。

① 它是美国线缆规格为 24 的实芯裸铜导体，以氟化乙烯做绝缘材料，传输频率达 100 MHz。导线组成如表 3-2 所示。

表 3-2　导线色彩编码

线　对	色　彩　码	线　对	色　彩　码
1	白/蓝//蓝	3	白/绿//绿
2	白/橙//橙	4	白/棕//棕

② 电气特性如表 3-3 所示。其中，"9.38 ΩMAX. Per100m@20℃"是指在 20℃恒定温度下，每 100 m 的双绞线的电阻为 9.38 Ω（下表中类同）。

表 3-3　5 类 4 对非屏蔽双绞线

频率需求（Hz）	阻　抗	衰减值（dh/100）Max	NEXT（db）（最差对）	直流阻抗
256 K	-	1.1	-	
512 K		1.5	-	
772 K	-	1.8	66	
1 M		2.1	64	
4 M		4.3	55	
10 M		6.6	49	9.38 Ω MAX. Per 100m @ 20℃
16 M	85～115 Ω	8.2	46	
20 M		9.2	44	
31.25 M		11.8	42	
62.50 M		17.1	37	
100 M		22.0	34	

（2）5 类 4 对 24AWG100 Ω 屏蔽电缆。

① 它是美国线规为 24 的裸铜导体，以氟化乙烯做绝缘材料，内有一 24AWG TPG 漏电线。传输频率达 100 MHz，导线组成如表 3-4 所示。表中屏蔽项"0.002[0.051]铝/聚酯带最小交叠@20℃及一根 24AWG TPC 漏电线"的含义：屏蔽层厚度为 0.002 cm 或 0.051 int。@20℃代表在 20℃恒定温度下。

表 3-4　导线色彩编码

线　对	色彩码	屏蔽
1	白/蓝//蓝	
2	白/橙//橙	0.002[0.051]铝/聚酯带最小交叠@20℃及一根 24AWG TPC 漏电线。
3	白/绿//绿	
4	白/棕//棕	

② 电气特性如表 3-5 所示。

表 3-5　5 类 4 对 24AWG100 Ω 屏蔽电缆

频率需求（Hz）	阻　抗	衰减值（dh/100）Max	NEXT（db）（最差对）	直流阻抗
256 K	-	1.1	-	
512 K	-	1.5	-	9.38 Ω MAX.Per 100m @ 20℃
772 K	-	1.8	66	
1 M	85～115Ω	2.1	64	

频率需求（Hz）	阻　抗	衰减值 （dh/100）Max	NEXT（db） （最差对）	直 流 阻 抗
4 M		4.3	55	
10 M		6.6	49	
16 M		8.2	46	
20 M		9.2	44	
31.25 M		11.8	42	
62.50 M		17.1	37	
100 M		22.0	34	

（3）5类4对24AWG非屏蔽软线。

① 它由4对线组成，用于高速数据传输，适合于扩展传输距离，应用于互连或跳接线。传输速率达100 MHz。导线组成如表3-6所示。

表3-6　导线色彩编码

线　对	色 彩 码	线　对	色 彩 码
1	白/蓝//蓝	3	白/绿//绿
2	白/橙//橙	4	白/棕//棕

② 电气特性如表3-7所示。

表3-7　5类4对24AWG非屏蔽软线

频率需求（Hz）	阻　抗	衰减值 （dh/100）Max	NEXT（db） （最差对）	直 流 阻 抗
256 K	-	-	-	
512 K	-	-	-	
772 K	-	2.0	66	
1 M		2.3	64	
4 M		5.3	55	
10 M		8.2	49	8.8 Ω
16 M	85～115 Ω	10.5	46	MAX.Per
20 M		11.8	44	100m @ 20℃
31.25 M		15.4	42	
62.50 M		22.3	37	
100 M		28.9	34	

4. 超5类布线系统

超5类布线系统是一个非屏蔽双绞线布线系统，通过对它的"链接"和"信道"性能的测试表明，它超过 TIA/EIA568 的5类线要求。与普通的5类 UTP 比较，其衰减更小，串扰更少，同时具有更高的衰减与串扰的比值（ACR）和信噪比（SNR）、更小的时延误差，性能得到了提高。它具有以下4个优点：

（1）提供了坚实的网络基础，可以方便转移、更新网络技术。

（2）能够满足大多数应用的要求，并且满足低偏差和低串扰总和的要求。

（3）被认为是为将来网络应用提供的解决方案。

（4）充足的性能余量，给安装和测试带来方便。

与 5 类线缆相比，超 5 类在近端串扰、串扰总和、衰减和信噪比 4 个主要指标上都有较大的改进。近端串扰（NEXT）是评估性能的最重要的标准。一个高速的 LAN 在传送和接收数据时是同步的。NEXT 是当传送与接收同时进行时所产生的干扰信号。NEXT 的单位是 db，它表示传送信号与串扰信号之间的比值。

串扰总和（Power Sum NEXT）是从多个传输端产生 NEXT 的和。如果一个布线系统能够满足 5 类线在 Power Sum 下的 NEXT 要求，那么就能处理从应用共享到高速 LAN 应用的任何问题。超 5 类布线系统的 NEXT 只有 5 类线要求的 1/8。

信噪比（Signal to Noise Ratio，SNR）是衡量线缆阻抗一致性的标准。在数据传输中，一部分信号由于阻抗的变化形成噪声。SNR 是测量能量变化的指标，由于线缆结构变化而导致阻抗变化，使得信号的能量发生变化。反射的能量越少，意味着传输信号越完整，在线缆上的噪声越小。比起普通 5 类双绞线，超 5 类系统在 100 MHz 的频率下运行时，为用户提供 8 db 近端串扰的余量，用户的设备受到的干扰只有普通 5 类线系统的 1/4，使系统具有更强的独立性和可靠性。

3.1.3 光纤

1. 组成及分类

"光纤"是光导纤维的简称，是目前发展最为迅速的信息传输介质。光纤与同轴电缆相似，只是没有网状屏蔽层。中心是传播光束的玻璃芯，由纯净的石英玻璃经特殊工艺拉制成的粗细均匀的玻璃丝组成。它质地脆，易断裂。在多模光纤中，芯的直径是 15～50 μm，与头发的粗细相当。而单模光纤芯的直径为 8～10 μm。在玻璃芯的外面包裹一层折射率较低的玻璃封套，再外面是一层薄的塑料外套，用来保护光纤。光纤通常被扎成束，外面有外壳保护，其结构如图 3-5 所示。

图 3-5　室外光缆

光纤主要分为以下两大类：

（1）传输点模数类。

传输点模数类光纤分为单模光纤（Single Mode Fiber）和多模光纤（Multi Mode Fiber）。如图 3-6、3-7 所示。

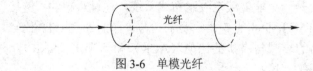

图 3-6　单模光纤

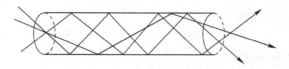

图 3-7　多模光纤

单模光纤的纤芯直径很小，中心玻璃芯的芯径一般为 9 或 10 μm，只能传一种模式的光，即：在给定的工作波长上只能以单一模式传输，传输频带宽，传输容量大，适用于远程通信。单模光纤对光源的谱宽和稳定性有较高的要求，即谱宽要窄，稳定性要好。

多模光纤中心玻璃芯较粗，芯径一般为 50 或 62.5 μm，可传多种模式的光，即：在给定的工作波长上，能以多个模式同时传输的光纤。与单模光纤相比，多模光纤的传输性能较差。传输的距离比较近，一般只有几千米。

（2）折射率分布类。

折射率分布类光纤可分为跳变式光纤和渐变式光纤。

跳变式光纤纤芯的折射率和保护层的折射率都是一个常数。在纤芯和保护层的交界面，折射率呈阶梯式变化。其成本低，模间色散高，适用于短途低速通信。由于单模光纤模间色散很小，所以单模光纤都采用跳变式。

渐变式光纤纤芯的折射率随着半径的增加按一定规律减小，在纤芯与保护层交界处减小为保护层的折射率。纤芯折射率的变化近似于抛物线，这能减少模间色散，提高光纤带宽，增加传输距离，但成本较高，现在的多模光纤多为渐变式光纤。

折射率分布类光纤光束传输如图 3-8、3-9 所示。

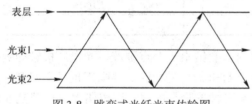

图 3-8　跳变式光纤光束传输图

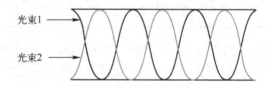

图 3-9　渐变式光纤光束传输图

光纤的类型由模材料（玻璃或塑料纤维）及芯和外层尺寸决定，芯的尺寸大小决定光的传输质量。常用的光纤缆如下：

8.3 μm 芯、125 μm 外层、单模。

62.5 μm 芯、125 μm 外层、多模。

50 μm 芯、125 μm 外层、多模。

100 μm 芯、140 μm 外层、多模。

2．特点

与铜导线相比，光纤具有非凡的性能。首先，光纤能够提供比铜导线高得多的带宽，在目前技术条件下，一般传输速率可达几十 Mbit/s 到几百 Mbit/s，其带宽可达 1 Gbit/s，而在理论上，光纤的带宽可以是无限的。其次，光纤中光的衰减很小，在长线路上每 30 km 才需要一个中继器，而且光纤不受电磁干扰，不受空气中腐蚀性化学物质的侵蚀，可以在恶劣环境中正常工作。最后，光纤不漏光，而且难以拼接，使得它很难被窃听，安全性很高，是国家主干网传输的首选介质。另外，光纤还具有体积小、重量轻、韧性好等特点，其价格也随着工程技术的发展而大大下降。

3. 连接方式

光纤有以下 3 种连接方式。

（1）可以将它们接入连接头并插入光纤插座。连接头要损耗 10%～20%的光，但是它使重新配置系统很容易。

（2）可以用机械方法将其接合。方法是将两根小心切割好的光纤的一端放在一个套管中，然后钳起来，可以让光纤通过结合处来调整，以使信号达到最大。机械结合需要训练过的人员花大约 5 min 的时间完成，光的损失大约为 10%。

（3）两根光纤可以融合在一起形成坚实的连接。融合方法形成的光纤和单根光纤差不多是相同的，仅仅有一点衰减，但需要特殊的融合设备。

对于这 3 种连接方法，结合处都有反射，并且反射的能量会和信号交互作用。

4. 发送和接收

两种光源可用作信号源：发光二极管 LED（Light-Emitting Diode）和半导体激光 ILD（Injection Laser Diode）。它们有着不同的特性，如表 3-8 所示。

表3-8　两种光源的特性对比

项　　目	LED（发光二极管）	ILD（激光二极管）
传输速率	低	高
模式	多模	多模或单模
距离	短	长
温度敏感度	较小	较敏感
造价	低	昂贵

光纤的接收端由光电二极管构成，在遇到光时，它给出一个点脉冲。光电二极管的响应时间一般为 1 ns，这就是把数据传输速率限制在 1 Gbit/s 内的原因。热噪声也是个问题，因此光脉冲必须具有足够的能量以便被检测到。如果脉冲能量足够强，则出错率可以降到非常低的水平。用光纤传输电信号时，在发送端要将电信号用专门的设备转换成光信号，接收端由光检测器将光信号转换成脉冲电信号，再经专门电路处理后形成接收的信息，如图 3-10 所示。

图3-10　光纤的信号传输

5. 接口

目前使用的接口有两种。无源接口由两个接头熔于主光纤形成，接头的一端有一个发光二极管或激光二极管（用于发送），另一端有一个光敏二极管（用于接收）。接头本身是完全无源的，因而是非常可靠的。

另一种接口称作有源中继器（active repeater）。输入光在中继器中被转变成电信号，如果信号已经减弱，则重新放大到最大强度，然后转变成光再发送出去。连接计算机的是一根进入信号再生器的普通铜线。现在已有了纯粹的光中继器，这种设备不需要光电转换，因而可以以非常高的带宽运行。

6. 光纤通信系统及其构成

（1）光纤通信系统。

光纤通信系统是以光波为载体、光导纤维为传输媒体的通信方式，起主导作用的是光源、光纤、光发送机和光接收机。光源是光波产生的根源，光纤是传输光波的导体。光发送机的功能是产生光束，将电信号转变成光信号，再把光信号导入光纤。光接收机的功能负责接收从光纤上传输的光信号，并将它转变成电信号，经解码后再作相应处理。

（2）组成。

光纤通信系统的基本构成如图 3-11 所示。

图 3-11　光纤通信系统的基本构成

（3）光纤通信特点。

① 优点如下：

● 传输速率高，目前实际可达到的传输速率为几十 Mbit/s 至几千 Mbit/s。

● 抗电磁干扰能力强，重量轻，体积小，韧性好，安全保密性高等。

● 传输衰减极小，使用光纤传输时，可以达到在 6 km—8 km 距离内不使用中继器的高速率的数据传输。

● 传输频带宽，通信容量大。

● 线路损耗低，传输距离远。

● 抗化学腐蚀能力强。

● 光纤制造资源丰富。

② 缺点如下：

● 光纤通信多用于作为计算机网络的主干线，光纤的最大问题是与其他传输介质相比价格昂贵。

● 光纤衔接和光纤分支均较困难，而且在分支时，信号能量损失很大。

3.1.4　无线介质

前面所讲的 3 种介质都属于有线介质，但有线传输并不是在任何时候都能实现的。例如，通信线路要通过一些高山、岛屿或公司临时在一个场地做宣传而需要连网时，这样就很难施工。当通信距离很远时，铺设电缆既昂贵又费时。而且我们的社会正处于一个信息时代，人们无论何时何地都需要及时的信息，这就不可避免地要用到无线传输。

1. 微波

微波的频率范围为 300 MHz～300 GHz，但主要是使用 2～40 GHz 的频率范围。无线电微波通信在数据通信中占有重要地位，主要分为地面系统与卫星系统两种。

地面微波采用定向抛物面天线，地面微波信号一般在低 GHz 频率范围。由于微波连接不需要什么电缆，所以它比起基于电缆方式的连接，较适合跨越荒凉或难以通过的地段。一般它经常用于连接两个分开的建筑物或在建筑群中构成一个完整网络。由于微波在空间是直线传输，而地球表面是个曲面，因此其传输距离受到限制，只有 50 km 左右。但若采用 100 m 的天线塔，则距离可增大至 100 km。为了实现远距离通信，必须在一条无线电通信信道的两个终端之间建立若干中继站。中继站把前一站送来的信号经过放大后再送到下一站，所以也将地面微波通信称为"地面微波接力通信"。

卫星微波利用地面上的定向抛物天线，将视线指向地球同步卫星。通信卫星发出的电磁波覆盖范围广，跨度可达 18 000 km，覆盖了球表面三分之一的面积，卫星微波传输跨越陆地或海洋，所需要的时间与费用却很少。地球站之间利用位于 36 000 km 高空的人造同步地球卫星作为中继器进行卫星微波通信。

2．红外系统

红外系统采用发光二极管（LED）、激光二极管（ILD）来进行站与站之间的数据交换。红外设备发出的光，一般只包含电磁波或小范围电磁频谱中的光子。传输信号可以直接或经过墙面、天花板反射后，被接收装置收到。

红外信号没有能力穿透墙壁和一些其他固体，每一次反射都要衰减一半左右，同时红外线也容易被强光源盖住。红外系统的特性可以支持高速度的数据传输，它一般可分为点到点与广播式两类。

（1）点到点红外系统。

点对点红外应用系统如图 3-12 所示。

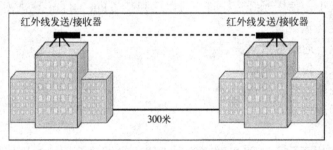

图 3-12　点对点红外应用

这是人们最熟悉的，如常用的遥控器。红外传输器使用光频（大约 100 GHz～1000 THz）的最低部分。除高质量的大功率激光器较贵以外，一般用于数据传输的红外装置都非常便宜，然而它的安装必须精确到绝对点对点。目前它的传输率一般为几 Kbit/s，根据发射光的强度、纯度和大气情况，衰减有较大的变化，一般距离为几米到几千米不等。聚焦传输具有极强的抗干扰性。

（2）广播式红外系统。

广播式红外系统是把集中的光束以广播或扩散方式向四周散发。这种方法也常用于遥控和其他一些消费设备上。利用这种设备，一个收发设备可以与多个设备同时通信，如图 3-13 所示。

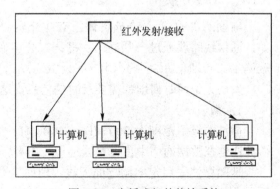

图 3-13　广播式红外传输系统

任务实施——案例工程线缆选择

通过相关知识的讲解，我们对通信介质有了比较深入的了解，对如何选择这些通信介质和各种组件也有了进一步的认识，从而可以针对案例任务进行实施。在一个综合布线系统中，各种相关介质的选用是一个非常关键的问题，在信息学院网络综合布线项目中，需要为整个校园网的各个部分选用适当的通信介质。

一、选用光纤

（1）从地理位置看，本任务中工程楼分布情况如图 3-14 所示。

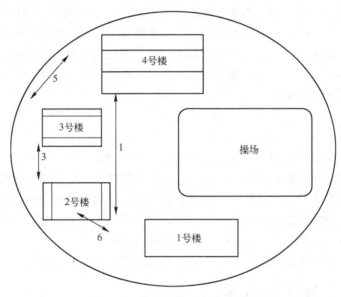

图 3-14　信息学院工程楼分布图

根据实际测量，1、2 号楼之间的连接距离为 60 m，2、3 号楼之间的连接距离为 30 m，3、4 号楼之间的连接距离为 50 m，1、4 号楼之间的连接距离为 120 m。可以看出，整个校园建筑物分布相对集中，相互之间的最大距离仅为 120 m。这种情况为本方案的介质选用提供了较为广泛的选择空间。同时根据用户需求，本工程主要用于校园网的实现以及满足学院日常办公、对外交流、教学过程和教务管理需要；支持 100 Mbit/s 速率的数据传输；能够接入互联网；网络具有较强的稳定性和安全性；网络能够具有可扩充和升级功能。考虑到具体应用，整个校园网以 2 号楼（信息中心楼）作为数据交换中心。在日常应用中，有可能涉及普通小文档的传输、流媒体数据传输以及相关的互联网应用。其中流媒体信息传输的数据量较大，且以信息中心作为整个信息传输的汇聚点，在介质以及设备选用方面，应为信息中心楼选择传输能力较强的介质和设备，以免在将来的网络运行中造成网络瓶颈问题。根据以上两方面的考虑，决定在校园内的各建筑物之间选用光纤作为主干网的连接介质。由于 1、2、3 号楼的间距相对较近，而 1、4 号楼相距较远，因此从传输距离角度上来考虑，为 1、2、3 号楼之间的布线选用多模光纤，而 1、4 号楼之间则选择单模光纤，它的传输距离较远。

（2）学院信息中心楼为本次工程的建设重点，它共有 5 层，经测量各楼层高为 4 m，最大数据传输垂直距离为 20 m。包括图书馆、阅览室、网络实训中心，动漫制作中心、网管中心以及 12 个常用机房，此外每层楼配有一个设备间。根据用户需求，本楼内的网络主要用于各楼层之间、各部门之间的信息传送、交流与沟通；能够接入互联网；网络具有较强的稳定性和安全性。具体地讲，各层楼的管理间作为本层信息传送的中心，数据流量较大；而网管中心将全楼的信息进行汇合，负责整个楼的网络调试、运行及维护，数据流量更为可观。针对以上这些情况，为使全楼的网络得到良好的运行，决定采用多模光纤连接整个信息中心楼楼层之间的这个垂直子系统，并接入互联网。

（3）对于信息中心楼每层楼来说，都配有设备间 1 间、办公室 1 间和不同用途的实训室、机房，各层楼房间分布情况类似。现以 3 楼为例进行介质选择方案的分析。这一层可以看作一个水平子系统，设备间、办公室和机房之间的最大水平距离不超过 60 m。从用户需求上看，主要用于日常教学、楼层内部网络的日常管理、运行与维护；网络具有较强的稳定性和安全性；网络能够具有可扩充和升级功能。其余各层的布线环境大致相同。针对以上情况可以看出，在每层楼的设备间、办公室和机房之间数据传输量适中，但对网速要求较高，适于选择多模光纤进行布线。

二、选用双绞线

对于信息中心楼每层楼的机房来说，一般配有 50 台左右的计算机，整个机房的最大距离不超过 20 m。从用户需求上看，机房主要用于日常教学、课程设计以及综合实训；能够具有较高的网速，支持网络广播教学；网络具有较强的稳定性和安全性。针对以上情况可以看出，机房主要作为教学设施来使用，对于用户的需求不是很高，数据传输量也相对较小，而且布线的范围小，这种环境适于选择非屏蔽双绞线进行布线。

通过以上的分析，可以证明在本任务中的介质选择方案是可行的。

 任务 2 选择布线组件

一、任务引入

网络布线组件是在网络综合布线过程中必不可少的硬件部分，常用的布线组件包括：配线架、模块、面板、机柜和管槽。虽然它们的分工各有不同，但都起到了承上启下的作用。熟悉了各种布线组件以后，便可以顺利地选用合适的组件配合传输介质以及相关硬件完成系统的综合布线。

本任务就是为书中信息学院信息中心楼的网络布线系统选择适当的布线组件。具体任务如下：

（1）为信息中心楼 5 楼管理间选择合适的机柜、配线架、管件；

（2）为信息中心楼各层楼的设备间选择合适的机柜、配线架、管件及模块；

（3）为信息中心楼各层楼内的房间选择合适的机柜、配线架、管件及模块。

二、任务分析

在上一个任务中，已经完成了为信息中心楼的网络布线系统选择通信介质，接下来就要为该楼的布线选择合适的布线组件，这也是十分关键的步骤。

在本任务中，每层楼的房间（水平子系统）布线后集中到该层的设备间内，而楼层之间作为一个垂直干线子系统，所有的设备间通过该系统将线缆全部汇聚到网管中心管理间内，管理间是整个信息中心楼的信息交通枢纽。

在完成本任务的过程中，应分别为垂直干线子系统、水平子系统和管理子系统选择合适的布线组件，包括：机柜、配线架、管件以及相应的模块、面板和底盒等。

 知识链接——布线组件

3.2.1 配线架

配线架是管理子系统中最重要的组件，是实现垂直干线和水平干线两个子系统交叉连接的枢纽。配线架通常安装在机柜或墙上。通过安装附件，配线架可以全线满足 UTP、STP、同轴电缆、光纤、音视频的需要。

1. 配线架的作用

配线架用于终结线缆，为双绞线或光缆与其他设备（如交换机等）的连接提供接口，使综合布线系统变得更加易于管理，如图 3-15 所示。配线架的作用是为了使线缆更改更加方便，它们的连接流程：交换机－配线架－服务器，如果没有配线架，流程：交换机－服务器。有了配线架，更换线缆的地点就在配线架上了，而不用插拔交换机端口。

图 3-15　配线架

2. 配线架的分类

（1）按照配线架所接线缆的类型分类，在网络工程中常用的有双绞线配线架和光纤配线架，此外还有数字配线架、总配线架。

① 双绞线配线架。

双绞线配线架的作用是在管理子系统中将双绞线进行交叉连接，用在主配线间和各分配线间，为双绞线与其他设备的连接提供接口。双绞线配线架的型号很多，每个厂商都有自己的产品系列，并且对应 3 类、5 类、超 5 类、6 类和 7 类线缆分别有不同的规格和型号，在具体项目中，应根据实际情况进行配置。图 3-16 所示为双绞线配线架。

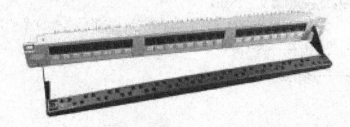

图 3-16　双绞线配线架

② 光纤配线架（ODF）。

光纤配线架是光传输系统中的一个重要的配套设备，它是光缆与光通信设备间的配线连接部件，在管理子系统中主要用于光缆终端的光纤熔接、光连接器的安装、光路的调配、多余尾纤的存储及光缆的保护等，通常用在主配线间和各分配线间。它对光纤通信网络的安全运行和灵活使用有着重要的作用。

● 光纤配线架的功能

固定功能、熔接功能、调配功能和存储功能。

● 光纤配线架的结构

依据光纤配线架结构的不同，可分为直插式光纤配线架（如图 3-17 所示）、卡扣式光纤配线架（如图 3-18 所示）、壁挂式光纤配线架（如图 3-19 所示）、机架式光纤配线架和光纤配线箱等类型。

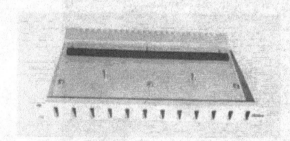

图 3-17　SC 型（直插式）光纤配线架

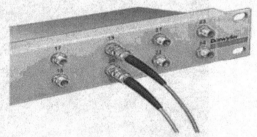

图 3-18　ST 型（卡扣式）光纤配线架

③ 总配线架（MDF）。

总配线架是水平、垂直、设备等子系统的连接设备，如图 3-20 所示。

④ 数字配线架（DDF）。

数字配线架又称高频配线架，如图 3-21 所示，在数字通信中越来越有优越性，它能使数字通信设备的数字码流的连接成为一个整体，速率为 2～155 Mbit/s 信号的输入、输出都可最终接在 DDF 架上，这为配线、调线、转接、扩容都带来很大的灵活性和方便性。

（2）按照配线架的端口数进行分类，可分为 24 口配线架、48 口配线架等。

24 口超 5 类配线架满足 T-568A 超 5 类传输标准，符合 T568A 和 T568B 线序，适用于设备间的水平布线或设备端接，以及集中点的互配端接。坚固且易于安装的设计，减少安装与操作费用，较大的正面标识空间方便端口识别，便于管理，符合 19"机架安装标准。如图 3-22 和 3-23 所示。

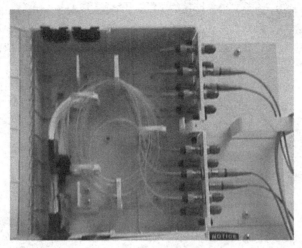

图 3-19　壁挂式光纤配线架（盘纤）

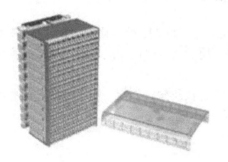

图 3-20　总配线架

图 3-21　数字配线架

图 3-22　24 口配线架与标签

图 3-23   24 口配线架背视端接图

（3）按照常见的电缆配线架系列进行分类，可分为 RJ45 模块化配线架、110 配线架。

① RJ45 模块化配线架，又称数据配线架，用于端接电缆和通过跳线连接交换机等网络设备。

② 110 配线架，又称语音配线架，需和 110 连接块配合使用。用于端接配线电缆或干线电缆，并通过跳线连接水平子系统和干线子系统。

3.2.2   面板、模块与底盒

面板、模块加上底盒形成一套整体，统称为信息插座，但有时信息插座只代表面板。

1. 面板

面板的内部构造、规格尺寸及安装的方法等有较大的差异。信息插座面板用于在信息出口位置安装固定信息模块，常见的有单口、双口型号，也有三口或四口的型号，面板一般为平面插口，如图 3-24、3-25 所示。

图 3-24   单口面板

图 3-25   双口面板

面板有固定式面板和模块化面板，如图 3-26、3-27 所示。固定式面板的信息模块与面板

合为一体，无法去掉某个信息模块插孔，或更换为其他类型的信息模块插孔。固定式面板的优点是价格便宜、便于安装，缺点是结构不能改变，在局域网布线中应用较少。模块化面板使用预留了多个插孔位置的通用墙面板，面板与信息模块插座分开购买。

图 3-26　斜面固定型面板

图 3-27　信息插座面板

信息插座面板有 3 种安装方式，一是安装于地面，要求安装于地面的金属底盒应当是密封的、防水、防尘并可带有升降的功能。此方法的设计安装造价较高，并且由于无法预知办公位置，也不知分隔板的确切位置，因此灵活性不是很好。二是安装于分隔板上，此方法适用于分隔板位置确定以后，安装造价较为便宜。三是安装在墙上。

在地板上进行模块面板安装时，需要选用专门的地面插座，铜质地板插座有旋盖式、翻扣式和弹起式 3 种。弹起式地面插座应用最广，它采用铜合金或铝合金材料制作而成，安装于厅、室内任意位置的地板平面上。使用时，面盖与地面相平。地面插座的防渗结构，在插座体合上时可保证水滴等不易渗入。

当然，面板的作用不仅是保护内部模块，使插接线头与模块接触良好等，还有一个重要的作用就是作为方便用户使用和管理的标注。因而，在工程中一个重要的工序就是正确地标识每个信息插座面板的功能，使之清晰、美观、易于辨认。

2．模块

模块是信息插座的核心，同时也是最终用户的接入点，因而模块的质量和安装工艺直接决定了用户访问网络的效率。

（1）RJ 模块概述。

RJ 是 Registered Jack 的缩写，意思是"注册的插座"。在 FCC（美国联邦通信委员会标准和规章）中的定义为：RJ 是描述公用电信网络的接口，常用的有 RJ-11 和 RJ-45，计算机网络的 RJ-45 是标准 8 位模块化接口的俗称。在以往的 4 类、5 类、超 5 类和 6 类布线中，采用的都是 RJ 型接口。在 7 类布线系统中，将允许"非-RJ 型"的接口，如 2002 年西蒙公司开发的 TERA 7 类连接件被正式选为"非-RJ 型"7 类标准工业接口的标准模式。TERA 连接件的传输带宽高达 1.2 GHz，超过了 600 MHz 7 类标准传输带宽。

网络通信领域常见的有 4 种基本 RJ 模块插座，每一种基本的插座可以连接不同构造的RJ。例如，一个 6 芯插座可以连接 RJ11（1 对）、RJ14（2 对）或 RJ25C（3 对）；一个 8 芯插座可以连接 RJ61C（4 对）和 RJ48C。

（2）RJ45 模块简介。

RJ45 模块是布线系统中连接器的一种，连接器由插头和插座组成，这两种元件组成的连接器连接于导线之间，以实现导线的电气连续性。RJ45 模块就是连接器中最重要的一种插座。如图 3-28 所示为该模块的正视图、侧视图和立体图。

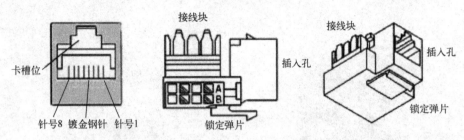

图 3-28　RJ45 模块的正视图、侧视图、立体图

RJ45 模块的核心是模块化插孔。镀金的导线或插座孔可维持与模块化插头弹片间稳定而可靠的电连接。由于弹片与插孔间的摩擦作用，电接触随插头的插入而得到进一步加强。插孔主体设计采用了整体锁定机制，这样当模块化插头（如 RJ45 插头）插入时，插头和插孔的界面处可产生最大的拉拔强度。RJ45 模块上的接线块通过线槽来连接双绞线，锁定弹片可以在面板等信息出口装置上固定 RJ45 模块。

（3）其他模块介绍。

常见的非屏蔽模块高 2 cm、宽 2 cm、厚 3 cm，塑体抗高压、阻燃，可卡接到任何 M 系列模式化面板、支架或表面安装盒中，并可在标准面板上以 90°垂直或 45°斜角安装，特殊的工艺设计提供至少 750 次重复插拔，模块使用了 T568A 和 T568B 布线通用标签，它还带有一个白色的扁平线插入盖。这类模块通常需要打线工具——带有 110 型刀片的 914 工具打接线缆。这种非屏蔽模块也是国内综合布线系统中应用得最多的一种模块，无论是 3 类、5 类还是超 5 类、6 类，外形都保持了相当的一致。

为方便插拔安装操作，用户也开始喜欢使用 45°斜角操作，为达到这一目标，可以用目前的标准模块加上 45°斜角的面板完成，也可以将模块安装端直接设计成 45°斜角，如图 3-29 所示。

图 3-29　45°斜角模块

免打线工具设计也是模块人性化设计的一个体现，这种模块端接时无须用专用刀具，图 3-30a 就是具有免打线工具设计的 Siemon MX-c5 模块，图 3-30b 也是免打线工具 Nexans

LANmark-6 Snap-in 模块。

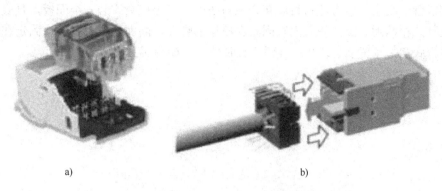

a)   b)

图 3-30   免打线工具模块

ACO 通信插座系统是 AMP 推出的一种通信插座系统，如图 3-31 所示。它采用较独特的设计，也以类似 RJ45 标准模块大小的空间进行端接，这种插座系统由不同的通信接口和插座组成，不仅支持语音、数据应用模块，还支持同轴接口、音频视频接口。

超5类数据接口   电话接口   同轴接口

视频接口   通信接口底座

图 3-31   ACO 通信插座系统

在一些新型的设计中，结合了多媒体的模块接口看起来甚至与标准的数据/语音模块接口没有太大的区别，这种趋于统一模块化的设计方向带来的好处是各模块使用同样大小的空间及安装配件。目前，无论是国际还是国内，一个应用发展的趋势是 VDV（Voice-Data-Video 语音、数据、视频综合应用）的集成。而新型设计的模块已经从用户使用方便性角度做出了很大努力。

3. 底盒

高速线缆系统运行的另一个必要条件是信息插座端的正确安装。采用不同插口数的面板不仅需要美观，实际上装在里面的模块更重要。信息插座往往应当设计安放在用户认为方便的位置，而不是传统的一律安装在距离墙角线不远的高度上，信息插座既可以嵌入墙体中间，也可以置于墙面。

信息插座在墙上安装时，面板安装在接线底盒上，接线底盒有明装和暗装两种，明装盒只能用 PVC 线槽明铺在墙壁上，这种方式安装灵活但不美观。暗装盒预埋在墙体内，布线时走预埋的线管。底盒一般有塑料材质和金属材质的，一个底盒安装一个面板，且底盒大小必须与面板制式相匹配。接线底盒内有固定面板用的螺孔，随面板配有将面板固定在接线底盒上的螺丝。底盒都预留了穿线孔，方便安装时使用，如图 3-32 所示。

图 3-32　底盒

3.2.3　机柜

标准机柜广泛应用于计算机网络设备、有线/无线通信器材、电子设备的叠放。机柜具有增强电磁屏蔽、削弱设备工作噪音、减少设备地面面积占用优点。一些高档机柜还具备空气过滤功能，以提高精密设备工作环境质量。

1. 机柜的定义

机柜一般是由冷轧钢板或合金制作的用来存放计算机和相关控制设备的物件，可以提供对存放设备的保护，屏蔽电磁干扰，有序、整齐地排列设备，方便以后维护设备。

2. 机柜的分类

（1）根据外形区分，分为立式机柜、挂墙式机柜和开放式机架，如图 3-33、3-34、3-35 所示。

立式机柜主要用于综合布线系统的设备间，挂墙式机柜主要用于没有独立房间的楼层配线间。与机柜相比，开放式机架具有价格便宜、操作方便、搬动简单等优点，一般为敞开式结构。机架主要适合一些要求不高和经常对设备进行操作管理的场所，用它来叠放设备，减少占地面积。

（2）根据应用对象区分，分为服务器机柜、网络机柜、控制台机柜，如图 3-36、3-37、3-38 所示。

网络机柜就是 19" 的标准机柜，它的宽度为 600 mm，深度为 600 mm。服务器机柜由于要安装服务器、显示器、UPS 等 19" 标准设备及非 19" 标准的设备，在机柜的深度、高度、承重等方面均有要求，高度有 2.0 m、1.8 m、1.6 m 3 种；宽度为 800 mm、700 mm 或 600 mm 3 种；深度为 700 mm、800 mm 和 900 mm 3 种。它的前门和后门一般都有透气孔，排热风扇也较多。劣质产品遇到较重的负荷容易产生变形，会危及设备的安全。

（3）根据组装方式区分，分为一体化焊接型和组装型两种。

组装型机柜是目前的主流结构，购买来的机柜都是散件包装，使用时组装简便。一体化焊接型机柜的价格相对便宜，产品材料和焊接工艺是这类机柜的关键，要注意选择产品的质量，机柜常见的配件有以下几种：

图 3-33　普通立式机柜

图 3-34　挂墙式机柜

图 3-35　开放式机架

图 3-36　服务器机柜

图 3-37　网络机柜

图 3-38　控制台机柜

① 固定托盘，用于安装各种设备，尺寸繁多，用途广泛，有 19″ 标准托盘、非标准固定托盘等。常规配置的固定托盘深度有 440 mm、480 mm、580 mm、620 mm 等规格。固定托盘的承重不小于 50 kg。

② 滑动托盘，用于安装键盘及其他各种设备，可以方便地拉出和推回；19″标准滑动托盘适用于任何 19″标准机柜。常规配置的滑动托盘深度有 400 mm、480 mm 两种规格。滑动托盘的承重不小于 20 kg。

③ 配电单元，选配电源插座，适合任何标准的电源插头，配合 19″安装架，安装方式灵活多样。规格为 6 插口，参数为 220 V，10 Amp。

④ 理线架，19″标准理线架有两种规格，可配合任何一种 TOPER 系列机柜使用。12 孔理线架配合 12 口、24 口、48 口配线架使用效果最佳。

⑤ 理线环，专用于 TOPER 1800 系列和 TOPER Server 系列机柜使用的理线装置，安装和拆卸非常方便，使用的数量和位置可以任意调整。

⑥ L 支架，可以配合机柜使用，用于安装机柜中的 19″标准设备，特别是较重的 19″标准设备，如机架式服务器等。

⑦ 盲板，用于遮挡机柜内的空余位置，常规盲板为 1U、2U 两种（1U=44.45 mm）。

⑧ 扩展横梁，专用于 TOPER 1800 系列和 TOPER Server 系列机柜使用的装置，用于扩展机柜内的安装空间之用。安装和拆卸非常方便。同时也可以配合理线架、配电单元的安装，形式灵活多样。

⑨ 安装螺母（方螺母），适用于任意一款 TOPER 系列机柜，用于机柜内所有设备的安装，包括机柜大部分配件的安装。

⑩ 键盘托架，用于安装标准计算机键盘，可配合市面上所有规格的计算机键盘；可翻折 90°，键盘托架必须配合滑动托盘使用。

⑪ 调速风机单元，安装于机柜的顶部，可根据环境温度和设备温度调节风扇的转速，有效地降低了机房的噪音。调速方式为手动，无级调速。

⑫ 机架式风机单元，高度为 1U，可安装在 19"标准机柜内的任意高度位置上，可根据机柜内热源酌情配置。

⑬ 全网孔前（后）门，全部为Φ3（直径 3 mm）的圆孔，提高了机柜的散热性能和屏蔽性能。高度可配合：2.0 m 机柜、1.8 m 机柜、1.6 m 机柜。

⑭ 散热边框钢化玻璃前门，机柜前门两边全部为散热长孔，提高了机柜的散热性能。美观实用。高度可配合：2.0 m 机柜、1.8 m 机柜、1.6 m 机柜。

3.2.4 管槽

布线系统中除了线缆外，管槽是一个重要的组成部分，可以说，金属槽、PVC 槽、金属管、PVC 管是综合布线系统的基础性材料。在综合布线系统中，主要使用线槽有以下几种情况：

● 金属槽和附件；
● 金属管和附件；
● PVC 塑料槽和附件；
● PVC 塑料管和附件。

1. 金属管和塑料管

金属管是用于分支结构或暗埋的线路，它的规格也有多种，以外径 mm 为单位。

在金属管内穿线比线槽布线难度更大一些，在选择金属管时要注意管径选择大一点，一般管内填充物占 30%左右，以便穿线。

塑料管产品分为两大类，即 PE 阻燃导管和 PVC 阻燃导管。

PE 阻燃导管是一种塑制半硬导管，具有强度高、耐腐蚀、挠性好、内壁光滑等优点，明、暗装穿线兼用；PVC 阻燃导管是以聚氯乙烯树脂为主要原料，加入适量的助剂，经加工设备挤压成型的刚性导管，小管径 PVC 阻燃导管可在常温下进行弯曲。

2. 金属槽和塑料槽

金属槽由槽底和槽盖组成，每根金属槽一般长度为 2 m，如图 3-39 所示。槽与槽连接时使用相应尺寸的铁板和螺丝固定。

在综合布线中经常使用的线槽的规格有 50 mm×100 mm（宽×高）、100×100 mm、100×200 mm、100×300 mm、200×400 mm。此外，PVC 塑料线槽在安装时有配套的附件，见表 3-9 和表 3-10。

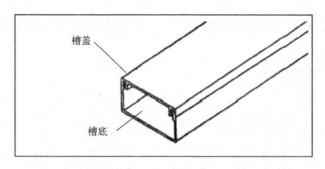

图 3-39　金属槽结构示意图

表 3-9　PVC-40Q 塑料线槽明敷设安装配套附件

产 品 名 称	图 例	出厂价/元	产 品 名 称	图 例	出厂价/元
阳角		0.50	阴角		0.50
平三通		0.65	直转角		0.65
连接头		0.36	终端头		0.36

表 3-10　PVC-25 塑料线槽明敷设安装配套附件

产 品 名 称	图 例	出厂价/元	产 品 名 称	图 例	出厂价/元
阳角		0.35	阴角		0.35
平三通		0.55	顶三通		0.55
左三通		0.55	右三通		0.55
直转角		0.46	四通		0.45
接线盒插口		0.20	灯头盒插口		0.20
连接头		0.20	终端头		0.20

任务实施——案例工程布线组件选择

布线组件是完成网络综合布线过程的重要内容，对于整个网络综合布线任务来说，布线的实施是以楼层为单位的，每一层的布线方案是大致相同的，因此以信息中心楼 3 楼为例，对选择布线组件的方案进行具体说明。

一、选用机柜

（1）由于信息中心楼每层楼的信息汇聚点为该层的设备间，在整个楼的垂直子系统上，以网管中心作为信息枢纽，因此在网管中心和每层的设备间内应配有性能较高的 1.6 m 标准网络机柜。

（2）在每个机房内可以选用标准的 0.5 m 立式网络机柜。

二、选用配线架

（1）由于信息中心楼楼层间垂直干线子系统中采用了光纤作为主干线，在层间的水平子系统中也采用了光纤进行布线连接，所以在垂直干线子系统和水平子系统交叉连接的网管中心和各层设备间内，应配有多口型光纤配线架，安装于网络机柜中。

（2）在每个机房内可以选用光纤配线架和 48 口双绞线配线架，安装于标准机柜中，以满足水平干线和机房内 40 台计算机的需求。

三、选用管件

在设备间、办公室和机房之间利用 PVC 塑料管槽进行布线，并且安装相应的配套附件，如在房间的拐角处走线时可以选用平三通，左、右三通，阴角、阳角、直转角等连接件。

四、选用模块、接口和面板

在管理间、办公室和机房内适当的位置安装数据接口、RJ 模块接口和信息插座面板。

以上为信息中心楼 3 楼的布线组件选用方案，其他各楼层的布线方法基本相似，均可以上述方案为参考。

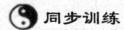 同步训练

一、思考练习

1. 简答题

（1）试比较双绞线电缆和光缆的优缺点。

（2）连接件的作用是什么？它有哪些类型？

（3）双绞线电缆有哪几类？各有什么优缺点？

（4）光缆主要有哪些类型？应如何选用？

（5）综合布线中的机柜有什么作用？

（6）线缆如何与布线组件进行连接？

2. 填空题

（1）在双绞线电缆内，把两根绝缘的铜导线按一定密度互相绞在一起，这样可以_____串扰。

（2）双绞线电缆的每一条线都有色标，便于区分和连接。一条 4 对电缆有 4 种本色，即_____、_____、_____和_____。

（3）按照绝缘层外部是否有金属屏蔽层，双绞线电缆可以分为_____和_____两大类。目前在综合布线系统中，除了某些特殊的场合，通常都采用_____。

（4）同轴电缆分成 4 层，分别由_____、_____、_____和_____组成。

（5）细缆的最大传输距离为_____m，粗缆的最大传输距离为_____m。

（6）光纤由 3 部分组成，即_____、_____和_____。

（7）按传输模式分类，光缆可以分为_____和_____两类。

（8）单模光缆一般采用_____为光源，光信号可以沿着光纤的轴向传播，因此光信号的耗损很小，离散也很小，传播距离较远。多模光缆一般采用_____为光源。

（9）RJ45 模块的核心是_____，其主体设计采用了_____模式，这样设计的好处是_____。

（10）光纤配线架具有_____、_____、_____和_____等功能。

3. 选择题（答案可能不止一个）

（1）非屏蔽双绞线电缆用色标来区分不同的线对，计算机网络布线系统中常用的 4 对双绞线电缆有 4 种本色，它们是（　　　）。

    A．蓝色、橙色、绿色和紫色   B．蓝色、红色、绿色和棕色

    C．蓝色、橙色、绿色和棕色   D．白色、橙色、绿色和棕色

（2）光缆是数据传输中最有效的一种传输介质，它有（　　　）优点。

    A．频带较宽   B．电磁绝缘性能好

    C．衰减较小   D．无中继段长

（3）目前在网络布线方面，主要有两种双绞线布线系统在应用，即（　　　）。

    A．4 类布线系统   B．5 类布线系统

    C．超 5 类布线系   D．6 类布线系统

（4）频率与近端串扰值和衰减的关系是（　　　）

    A．频率越小，近端串扰值越大，衰减也越大

    B．频率越小，近端串扰值越大，衰减也越小

    C．频率越小，近端串扰值越小，衰减也越小

    D．频率越小，近端串扰值越小，衰减也越大

（5）（　　　）光纤连接器在网络工程中最为常用，其中心是一个陶瓷套管，外壳呈圆形，紧固方式为卡扣式。

    A．ST 型   B．SC 型   C．FC 型   D．LC 型

二、实训

实训一：

1. 实训题目

识别双绞线、同轴电缆和光纤。

2. 实训目的

认识各种有线介质，掌握它们各自的特征和用途；学会识别双绞线、同轴电缆和光纤，并熟练掌握识别的方法。

3. 实训内容

① 辨别屏蔽双绞线和非屏蔽双绞线。

② 辨别粗缆和细缆。

③ 辨别多模光纤和单模光纤。

4．实训方法

① 观察双绞线的外形及组成结构，能分辨屏蔽双绞线和非屏蔽双绞线。

② 观察同轴电缆的外形及组成结构，能分辨粗缆和细缆。

③ 观察光缆的外形及组成结构，能分辨多模光纤和单模光纤。

5．实训总结

① 根据观察到的通信介质的外形，进一步掌握辨别的方法，并进行详细记录。

② 分组交流辨别不同的通信介质的方法和技巧。

③ 按照附录所给实训报告样式写出报告。

实训二：

1．实训题目

识别各种网络布线组件。

2．实训目的

认识常用的布线组件（包括配线架、模块、机柜、管槽和连接件），进一步了解其结构特征及用途；学会识别它们的类型，并熟练掌握识别的方法。

3．实训内容

① 识别常用的配线架。

② 识别 RJ45 模块。

③ 识别 ACO 通信插座系统上各种不同用途的接口。

④ 识别机柜中的各种配置的有关信息。

⑤ 识别常用的布线管槽以及与塑料线槽配套的连接件。

4．实训方法

① 识别各种常用的配线架，分析它们的类型及特征。

② 观察 RJ45 模块的外形及组成结构，能够说出它的特征。

③ 观察 ACO 通信插座系统，能够熟练识别各种用途的接口。

④ 观察机柜的外形特征及内部配置，能够说出各种配置的名称。

⑤ 观察常用的布线管槽（包括金属质地和 PVC 塑料质地两种），能够识别区分各种与塑料线槽配套的连接件的名称和特征。

5．实训总结

① 将观察的结果进行记录，进一步掌握辨别布线组件的方法。

② 分组讨论识别布线组件的技巧以及应该注意的问题。

③ 按照附录所给实训报告样式写出报告。

模块 4　综合布线工程施工

📂 **学习目标**

【知识目标】
- ◆ 熟悉综合布线各种施工工具；
- ◆ 明确施工工具使用的基本要求；
- ◆ 掌握施工工具的使用技巧；
- ◆ 掌握主要线缆施工要领及技巧。

【能力目标】
- ◆ 能够完成基本的综合布线施工准备阶段操作；
- ◆ 能够完成综合布线实际施工所涉及工具的使用与操作；
- ◆ 能够完成双绞线的制作、信息模块的连接以及双绞线的走线；
- ◆ 能够为真实的布线系统选择适当的布线组件；
- ◆ 能够完成光纤的连接制作及走线敷设。

 任务 1　综合布线施工准备

一、任务引入

布线工程的施工准备阶段是完成构建网络系统的重要环节，施工是将设计构想变为现实的过程。施工准备是完成工程施工的基础，这一阶段工作质量的好坏直接决定整个施工的质量及进度，因此如何将施工准备工作做细做好是本任务的关键所在。

以信息学院信息中心（2 号楼）布线工程为例，具体施工前的任务包括：

（1）建立和谐施工环境；

（2）熟悉施工图纸；

（3）编制、修订施工方案。

二、任务分析

信息学院信息中心（2 号楼）布线工程施工仅涉及一座楼宇，施工前准备工作相对简单，其主要工作是根据施工图纸和设计方案，结合具体情况将布线的理论和相关规定相结合，做到"因地制宜"，做好各项施工前准备工作。

首先，根据工程需要，建立和谐的内外部施工环境，确定好施工项目管理队伍；其次，根据工程设计方案，熟悉施工图纸，了解施工内容，确定布线路线；最后，编制施工方案，检查设备间、配线间，检查管路系统，并准备好施工工具。

知识链接——施工准备

任何一项工程无论工作量大小，其施工前准备基本是相同的，都必须做好下面一些工作。

4.1.1 建立施工环境

和谐的内外部施工环境，特别是和谐的内外部人员关系是保证工程又好又快完成的基础，因此在工程展开前理顺施工过程中所需涉及的内、外部人员关系对于整个工程的完成有着至关重要的意义。为了做到这一点，在施工前需要注意下面 3 点：

1．明确施工队伍

确定以项目管理为单位的施工队伍，任何一项工程的完成都是以施工队伍的工作为核心，好的队伍必然做出好的工程。

2．制定管理规定

根据具体工程的实际情况，制定相关的管理规定，以此来充分调动施工人员的工作积极性。

3．建立合作关系

在不违反相关法律法规的前提下，尽可能多地与施工相关的外部人员进行交流，交换意见，尽快建立起一种和谐的合作关系，以利于施工的展开。

4.1.2 熟悉施工图纸

施工文件和图纸是工程设计结果，是工程施工的灵魂，熟悉施工图纸是每个施工单位在施工前的必修课。施工单位应通过详细阅读施工文件和图纸，了解设计内容、把握设计意图，明确工程所采用的设备及材料，明确图纸所提出的施工要求，熟悉尽可能多的与工程有关的技术资料。特别需要强调的是，由于施工过程可能会受到很多不确定因素的影响，在施工过程中难免会出现根据实际情况对工程设计文件和施工图纸进行调整的情况，施工方的调整意见的提出必须是在明确把握设计意图的基础之上，只有这样才能尽可能避免在某些工程实践中出现的因调整意见扯皮而影响工程进度的情况。

4.1.3 编制、修订施工方案

在全面熟悉施工图纸的基础上，依据图纸并根据施工现场情况、施工方的技术水平及设备情况、施工材料供给情况，做出合理的施工方案。

1．协调组织，提高效益

统筹规划、合理布局，在坚持施工工序的基础上，合理协调人员和设备的组合，争取获得二者结合的最大化效益。

2．建立组织，协调管理

根据工程合同的要求，建立合理的施工组织机构，充分利用内外部各种资源，协调组织施工管理。

3．合理施工，提高功效

发挥统筹学在工程指挥中的优势，合理施工，尽可能提高工效。

4.1.4 现场环境准备

综合布线施工前的工作现场环境勘察、准备工作是顺利完成布线工程的重要一环。勘察、准备工作的细致程度直接影响着整个工程施工的进度及工程质量，因此对于工程现场环境准备这项工作必须给予足够的重视。工程现场环境准备主要包括以下几部分：

1．土建工程条件检查

正式进驻施工现场前，首先要对土建工程，即建筑物的安装现场条件进行检查，在符合 GB/T50312-2000《建筑与建筑群综合布线系统设计规范》和设计文件相应要求后，方可进行安装。

2．施工图纸核查

根据现场情况再次核对施工图纸，核准布线的走向位置。如有可能，可令施工经验丰富的高级施工人员对设计图纸中诸如：走线的隐蔽性、工程对建筑物破坏（建筑结构特点）、如何利用现有空间同时避开电源线路和其他线路、现场情况下的对线缆等的必要和有效的保护需求，施工的工作量和可行性（如打过墙眼等）等方面进行二次核准，提出修改意见，然后将结果提供给施工人员、督导人员和主管人员使用。

3．修正规划

在证实有最终许可手续的规划基础上，计算用料和用工，综合考虑设计实施中管理操作等的费用，修正预算、工期以及施工方案和安排。实施方案需要与用户方协商认可签字，并指定协调负责人员、工程负责人和工程监理人员，负责规划备料、备工，用户方配合要求等方面事宜，提出各部门配合的时间表，负责内外协调、施工组织、管理现场施工、现场认证测试，制作测试报告、制作布线标记系统等。

在完成以上工作后，对施工现场进行合格性检查。

4．检查设备间、配线间

（1）墙面要求：墙面涂浅色不易起灰的涂料或无光油漆。

（2）地面要求：要求房屋地面平整、光洁，满足防尘、绝缘、耐磨、防火、防静电、防酸等要求。活动地板应符合《计算机机房用活动地板技术条件》（GB6650-1986），地板板块敷设严密坚固，每平方米水平偏差不应大于 2 mm，地板支柱牢固，活动地板防静电措施（设施）的接地应符合设计和产品说明要求。

（3）环境要求：温度要求为 10℃～30℃，湿度要求为 20%～80%，灰尘和有害气体指标符合要求。

（4）门的高度和宽度应不妨碍设备和器材的搬运。

（5）预留地槽、暗管、孔洞的位置、数量、尺寸是否符合设计要求。

（6）照明采用水平面一般照明，照度可为 75～100 Lx，进线室应采用具有防潮性能的安全灯，灯开关装于门外。

（7）电源插座应为 220 V 单相带保护的电源插座，插座接地线从 380 V/220 V 三线五线制的 PE 线引出。部分电源插座，根据所连接的设备情况，采用 UPS 的供电方式。

（8）在设备间和配线间设有接地体，接地体的电阻值如果为单独接地则不应大于 4 Ω，如果是采用联合接地则不应大于 1 Ω。

5．检查管路系统

（1）检查所有设计要求的预留暗管系统是否都已安装完毕，特别是接线盒是否已安装到管路系统中，是否畅通；检查垂井是否满足安装要求；检查预留孔洞是否齐全。

（2）检查天花板和活动地板是否安装，是否方便施工，铺设质量和承重是否满足要求。

（3）检查是否有安全制度，要求戴安全帽着劳保服进入施工现场，高空作业要系安全带。垂井和预留孔洞是否有防火措施，消防器材是否齐全有效，器材堆放是否安全。

4.1.5　施工工具准备

在完成了现场环境检查之后就应该开始进行工具准备并完成器材检查。网络工程需要准备多种不同类型和不同品种的施工工具。

1．线槽、线管和桥架施工工具

包括电钻、充电手钻、电锤、台钻、钳工台、型材切割机、手提电焊机、曲线锯、钢锯、角磨机、钢钎、铝合金人字梯、安全带、安全帽、电工工具箱（老虎钳、尖嘴钳、斜口钳、一字起子、十字起子、测电笔、电工刀、裁纸刀、剪刀、活扳手、呆扳手、卷尺、铁锤、钢锉、电工皮带、手套等）。

2．线缆敷设工具

包括线缆牵引工具和线缆标识工具。线缆牵引工具有牵引绳索、牵引缆套、扭线转环、滑车轮、防磨装置、电动牵引绞车等，线缆标识工具有手持线缆标识机、热转移式标签打印机等。

3．线缆端接工具

包括双绞线端接工具和光纤端接工具。双绞线端接工具有剥线钳，光纤端接工具有光纤磨接工具和光纤熔接机等。

4．线缆测试工具

线缆测试工具主要有简单铜缆线序测试仪和线缆认证测试仪（如 FLUKE DSP 系列、光功率计、光时域反射仪等）。

工程所需的各种型材、管材与铁件的检验也是工程准备阶段的一个大任务，主要检查包括各种金属材料钢材和铁件的材质、规格是否符合设计文件的规定；表面所作防锈处理是否光洁良好，有无脱落和气泡的现象；有无歪斜、扭曲、飞刺、断裂和破损等缺陷；各种管材的管身和管口是否变形，接续配件是否齐全有效；各种管材（如钢管、硬质 PVC 管等）内壁是否光滑、有无节疤、裂缝；材质、规格、型号及孔径壁厚是否符合设计文件的规定和质量标准。为防止在工程中供货商偷工减料的情况，检测时经常要用千分尺等工具对材料进行抽检。

施工前，主要需要检查的对象为电缆、光缆，应从以下几个方面进行检查。

（1）外观检查。

查看标识文字。电缆的塑料包皮上都印有生产厂商、产品型号规格、认证、长度、生产日期等文字，正品印刷的字符非常清晰、圆滑，基本上没有锯齿状。

查看线对色标。线对中白色的那条不应是纯白的，而是带有与之成对的那条芯线颜色的花白，这主要是为了方便用户使用时区别线对。

查看线对绕线密度。双绞线的每对线都绞合在一起，正品线缆绕线密度适中均匀，方向是逆时针，且各线对绕线密度不一。

手感检查。双绞线电缆使用铜线做导线芯，线缆质地比较软，便于施工中的小角度弯曲。

高温检查。将双绞线放在高温环境中测试一下，看看在 35～40℃时，双绞线塑料包皮会不会变软，合格品双绞线是不会变软的。

（2）与样品对比。

为了保障电缆、光缆的质量，在工程的招投标阶段可以对厂家所提供的产品样品进行分类封存备案，待厂家大批量供货时，用所封存的样品进行对照，检查样品与批量产品品质是否一致。

（3）抽测。

双绞线一般以 305 m（1000 英尺）为单位包装成箱（线轴），也有按 1500 m 长度来包装成箱的，光缆则以 2000 m 或更长的包装方式。最好的性能抽测方法是使用认证测试仪（如 FLUKE 系列）配上整轴线缆测试适配器。整轴线缆测试适配器是 FLUKE 公司推出的线轴电缆测试解决方案，能在线轴中的电缆被截断和端接之前对其质量进行评估测试。具体方法：找到露在线轴外边的电缆头，剥去电缆的外皮 3～5 cm，剥去每条导线的绝缘层约 3 mm，然后将其一个个地插入到特殊测试适配器的插孔中，启动测试。只需数秒钟，测试仪即给出线轴电缆关键参数的详细评估结果。如果不具备以上条件，也可随机抽取几箱缆线，从每箱中截出长度为 90 m 的缆线，测试电气性能指标，也能比较准确地判定缆线的质量。

任务实施——案例工程施工准备

通过对综合布线施工前准备工作相关知识的学习，读者应知道网络布线施工前必须做好充分准备，这样才能为后期的施工打下良好基础。具体到信息中心（2 号楼）综合布线系统需要的准备工作包括以下几个方面。

一、成立施工管理队伍

信息中心楼是整个校园网连接的中心，通过它能够使整个校区互联形成统一的校园网。因此，安排好施工项目管理队伍，建立和谐的内外部施工环境是至关重要的。

（1）乙方项目管理负责人 1 人；

（2）乙方项目施工人 8 人；

（3）甲方基建处联络人 1 人，负责建筑物说明；

（4）甲方资产处负责人 1 人，负责施工安排与联络。

二、熟悉施工图纸

根据信息中心楼工程设计方案，网管中心建立在信息中心楼 5 层 501 房间，以此房间为中心进行布线，网络采用星形结构，使用锐捷 RG-S6506 作为骨干交换机，具体工程结构图如图 1-2 所示。其中，501 房间为网管中心；201 房间、301 房间、401 房间为设备间；101 房间为管理间。层间使用光纤连接作为主干线，层内光纤接到桌面，其余局域网使用超 5 类非屏蔽双绞线布线，信息中心（2 号楼）网络布线工程结构图如图 1-3 所示（红蓝虚线为光纤），具体网络路线布置图如图 2-19 所示。

三、检查施工现场

信息中心楼是新建楼宇，符合 GB/T50312-2000《建筑与建筑群综合布线系统设计规范》；设备间、配线间安排合理，每间面积为 11 m²，预留地槽、暗管、孔洞的位置、数量、尺寸符合设计要求；所有设计要求的预留暗管系统都已安装完毕，特别是接线盒已安装到管路系统中。以上检查合格说明施工现场已具备施工条件，可以进行施工。

四、施工工具准备

根据信息中心楼网络布线工程建设需要，需要准备不同类型和不同品种的施工工具，主要包括：

（1）线槽、线管和桥架施工工具（电钻、钢锯、切割机、电工工具箱等）；

（2）线缆敷设与端接工具（线缆牵引工具、线缆标识工具、剥线钳，光纤端接工具等）；

（3）线缆测试工具（压线钳、打线工具、线缆线序测试仪、线缆认证测试仪等）。

🔑 任务 2　选择布线工具

一、任务引入

古人讲"工欲善其事，必先利其器"。在一个综合布线工程里，施工工具是一个非常重要的组成部分。有人甚至讲"精良的施工工具是好的工程的一半"。

以信息学院 2 号楼信息中心布线工程为例，该工程包含了双绞线和光纤的布线任务，为了能够高质量地完成此项任务，必须掌握施工工具的使用与操作，具体如下：

（1）各种线缆整理工具；

（2）双绞线施工工具；

（3）光纤施工工具；

（4）线缆敷设辅助工具。

二、任务分析

信息学院信息中心（2 号楼）施工需要完成楼宇各层的水平布线及垂直布线，在布线中各种介质的连接线缆的敷设是主要工作。在这个施工过程中包含了很多布线工具的使用，同时在线缆敷设时需要将线缆连接到整层的各个信息点，因而又需要使用到很多布线辅助工具，所以该工程要求施工人员熟练掌握各种工具的功能、使用方法及使用技巧，这方面的素质高低直接影响着工程质量的好坏，为能很好完成此项任务，需要了解下面相关知识。

✏️ 知识链接——综合布线工具

在网络布线的时候会用到哪些工具，这些工具的作用又是什么，该怎么使用它们，是每个施工人员应该熟练掌握的技能。

4.2.1　线缆整理工具

1. 扎带

扎带分尼龙扎带与金属扎带，综合布线工程中常用的是尼龙扎带。尼龙扎带采用 UL 认可的尼龙 66 材料制成，防火等级 94V-2，耐酸、耐蚀、绝缘性良好、不易老化。

2．理线器（环）

理线器的作用是为电缆提供平行进入 RJ-45 模块的通路，使电缆在压入模块之前不再多次直角转弯，减少了电缆自身的信号辐射损耗，同时也减少了对周围电缆的辐射干扰。由于理线器使水平双绞线有规律地、平行地进入模块，因此在今后线路扩充时将不会因改变了一根电缆而引起大量电缆的更动，使整体可靠性得到保证，即提高了系统的可扩充性。

4.2.2　线缆制作工具

1．双绞线端接工具

常用的双绞线端接工具主要有以下几种。

（1）剥线钳：主要用于剥去双绞线外皮。

（2）压线工具：用于将双绞线与 RJ-45 头（水晶头）的连接。

（3）110 打线工具：打线工具用于将双绞线压接到信息模块和配线架上，信息模块配线架是采用绝缘置换连接器（IDC）与双绞线连接的，IDC 实际上是具有 V 型豁口的小刀片，当把导线压入豁口时，刀片割开导线的绝缘层，与其中的导体形成接触。

（4）手掌保护器：在进行模块连接时对手掌进行保护的设备。

2．光纤制作工具

（1）光纤剥离钳：用于剥离光纤涂覆层和外护层。

（2）光纤剪刀：用于修剪凯弗拉线（Kevlar）。

（3）光纤连接器压接钳：用于压接 FC、SC 和 ST 连接器。

（4）光纤接续子：用于尾纤接续、不同类型的光缆转接、室内外永久或临时接续、光缆应急恢复。

（5）光纤切割工具：用于多模和单模光纤切割。

（6）单芯光纤熔接机：熔接机采用芯对芯标准系统（PAS）进行快速、全自动熔接。

（7）光纤显微检视镜：用于检查接头核心及光纤端面周围。

4.2.3　工程施工辅助工具

（1）电工工具箱：包括工程施工中的一些基本常用工具。

（2）线盘：在施工现场用于电源连接。

（3）充电起子：工程安装中经常使用的一种电动工具，它既可当螺钉旋具又可用做电钻，特殊情况下带充电电池使用，不用电线提供电源，在任何场合都能工作。

（4）手电钻：既能在金属型材上钻孔，也适用于在木材、塑料上钻孔，在布线系统安装中是经常用到的工具。

（5）冲击电钻：简称冲击钻，它是一种旋转带冲击的特殊用途的手提式电动工具。

（6）电锤：以单相串激电动机为动力，适用于混凝土、岩石、砖石砌体等脆性材料上钻孔、开槽、凿毛等作业。

（7）电镐：比电锤功率大，更具冲击力和震动力。

除此之外，工程中所需用到的辅助工具还包括线槽剪、台虎钳、管子台虎钳、管子切割器、管子钳、螺纹铰板、简易弯管器、曲线锯、角磨机、型材切割机、台钻、梯子等，这里就不逐一介绍了。

 任务实施——案例工程施工工具

在信息学院信息中心（2 号楼）的施工中，线缆整理工具主要用到了扎带和理线器（环）。

一、线缆整理工具

1. 扎带（见图 4-1）

使用方法：只要将带身轻轻穿过带孔一拉，即可牢牢扣住。尼龙扎带按坚固方式分为 4种：可松式扎带、插销式扎带、固定式扎带和双扣式扎带。在信息楼 2 号楼的施工中，它有以下几种使用方式：使用不同颜色的尼龙扎带进行识别时，可对繁多的线路加以区分；使用带有标签的标牌尼龙扎带（见图 4-2），在整理线缆的同时可以加以标记；使用带有卡头的尼龙扎带，可以将线缆轻松地固定在面板上。扎带使用时也可用专门工具，它使得扎带在安装时极为简单省力。还可使用线扣将扎带和线缆等进行固定，线扣分粘贴型和非粘贴型两种。

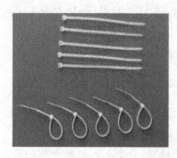
图 4-1　扎带

图 4-2　带有标签的标牌尼龙扎带

2. 理线器（环）

在信息楼 2 号楼的施工中，机柜中理线器安装在以下 3 种位置。

（1）垂直理线环：安装于机架的上下两端或中部，完成线缆的前后双向垂直管理。

（2）水平理线器：安装于机柜或机架的前面，与机架式配线架搭配使用，提供配线架或设备跳线的水平方向的线缆管理。

（3）机架顶部理线槽：安装在机架顶部，线缆走机柜顶部进入机柜，为进出的线缆提供一个安全可靠的路径，包括 9 个管理环和 18" 的线缆管理带。

二、线缆制作工具

在信息楼 2 号楼的双绞线施工中用到了双绞线端接工具、光纤制作工具和工程施工辅助工具。

1. 双绞线端接工具

常用的双绞线端接工具主要有以下几种：

（1）剥线钳。

工程技术人员往往直接用压线工具上的刀片来剥除双绞线的外护套，他们凭经验来控制切割深度，这就留下了隐患，切割线缆外套时稍有疏忽就会伤及导线的绝缘层。由于双绞线的表面是不规则的，而且线径存在差别，所以采用剥线器剥去双绞线的外护套更安全可靠。

剥线钳使用高度可调的刀片或利用弹簧张力来控制合适的切割深度，保障切割时不会伤及导线的绝缘层。剥线钳有多种外观，如图 4-3 所示是其中的几种。剥线钳的使用主要依靠使用者的工程实践经验，因此反复练习剥线是掌握剥线技巧的唯一途径。应通过大量的练习，寻找剥线时手指的感觉，从而熟练掌握剥线操作。

图 4-3　剥线钳

（2）压线工具。

用来压接 8 位的 RJ45 插头和 4 位、6 位的 RJl1、RJl2 插头。它可同时提供切和剥的功效，其设计可保证模具齿和插头的角点精确对齐，通常的压线工具都是固定插头的，有 RJ45 或 RJ11 单用的也有两用的，如图 4-4 所示为 RJ45 单用压线工具，图 4-5 所示为 RJ45 双用压线工具。市场上还有手持式模块化插头压接工具，它有可替换的 8 位 RJ45 和 4 位、6 位的 RJl1、RJl2 压模。除手持式压线工具外，还有工业应用级的模式化插头自动压接仪。

图 4-4　RJ45 单用压线工具　　　　　图 4-5　RJ45 双用压线工具

（3）打线工具。

打线工具由手柄和刀具组成，它是两端式的，一端具有打接及裁线的功能，可裁剪掉多余的线头，另一端不具有裁线的功能。工具的一面显示清晰的"CUT"字样，使用户可以在安装的过程中容易识别正确的打线方向。手柄握把具有压力旋转钮，可进行压力大小的选择。

前面介绍的是 110 单对打线工具，还有一款 110 五对打线工具，如图 4-6 所示。它是一种多功能端接工具，适用于线缆跳接块及跳线架的连接作业。端接工具和体座均可替换，打线头通过翻转可以选择切割或不切割线缆。工具的腔体由高强度的铝涂以黑色保护漆构成，手柄为防滑橡胶，并符合人体工程学设计。工具的一面显示清晰的"CUT"字样，使用户可以在安装的过程中容易识别正确打线方向。打线工具还有一种是 66 型的，用于语音系统的交叉连接。

（4）手掌保护器。

因为把双绞线的 4 对芯线卡入到信息模块的过程比较费劲，并且由于信息模块容易划伤手，于是就有公司专门设计生产了一种打线保护装置，将信息模块嵌在保护装置上再对信息模块压接，这样一方面方便把双绞线卡入到信息模块中，另一方面也可以起到隔离手掌，保护手的作用，如图 4-7 所示。

图 4-6　110 五对打线工具

图 4-7　手掌保护器

2．光纤制作工具

（1）光纤剥离钳。

光纤剥离钳的种类很多，如图 4-8 所示为双口光纤剥离钳。它是双开口、多功能的。钳刃上的 V 型口用于精确剥离 250 μm、500 μm 涂敷层以及 900 μm 缓冲层。第二开孔用于剥离 3 mm 尾纤外护层。所有的切端面都有精密的机械公差以保证干净、平滑的操作。不使用时可使刀口锁在关闭状态。

（2）光纤剪刀。

如图 4-9 所示，它是高杠杆率 Kevlar 剪刀，是一种防滑锯齿剪刀，复位弹簧可提高剪切速度，注意只可剪光纤线的凯佛拉层，不能剪光纤内芯线玻璃层及作为剥皮之用。

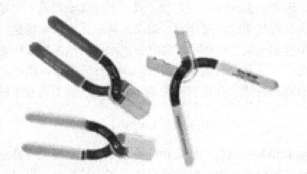

图 4-8　双口光纤剥离钳

图 4-9　光纤剪刀

（3）光纤连接器压接钳。

用于压接 FC、SC 和 ST 连接器，如图 4-10 所示。

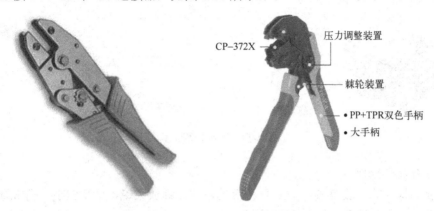

CP-372X

压力调整装置

棘轮装置

• PP+TPR双色手柄
• 大手柄

图 4-10　光纤连接器压接钳

（4）光纤接续子。

光纤接续子有很多类型，如图 4-11 所示为 CamSplice 光纤接续子，它是一种简单易用的光纤接续工具，可以接续多模或单模光纤。它的特点是使用一种"凸轮"锁定装置，无需任何黏结剂。CamSplice 采用了光纤中心自对准专利技术，使两光纤接续时保持极高的对准精度。CamSplice 光纤接续子的平均接续损耗为 0.15 dB，即使随意接续（不经过精细对准）其损耗也很容易达到 0.5 dB 以下。它可以应用在 250/250 μm、250/900 μm 或 900/900 μm 光纤接续的场合。CamSplice 光纤接续子使用起来非常简单，其操作步骤是：剥纤并把光纤切割好，将需要接续的光纤分别插入接续子内，直到它们互相接触，然后旋转凸轮以锁紧并保护光纤。这个过程中无需任何黏结剂或是其他的专用工具，当然使用夹具操作更方便。一般来说，接续一对光纤不会超过 2 min。

图 4-11　CamSplice 光纤接续子

（5）光纤切割工具。

光纤切割工具包括通用光纤切割工具和光纤切割笔，如图 4-12 所示。通用光纤切割工具用于光纤精密切割，光纤切割笔用于光纤的简易切割。

（6）单芯光纤熔接机。

它配备有双摄像头和 5″ 高清晰度彩显，能进行 x 轴、y 轴同步观察。深凹式防风盖在 15 m/s 的强风下能进行接续工作，可以自动检测放电强度，放电稳定可靠，能够进行自动光纤类型识别，自动校准熔接位置，自动选择最佳熔接程序，自动推算接续损耗。其选件及必备件有：主机、AC 转换器/充电器、AC 电源线、监视器罩、电极棒、便携箱、操作手册、精密光纤切割刀、充电/直流电源和涂覆层剥皮钳，如图 4-13 所示。

图 4-12　光纤切割工具

（7）光纤显微检视镜。

光纤显微检视镜一般有 60～400 倍不等的可调光纤放大镜，体积较小，携带方便，适配接口一般为通用适配接口，如图 4-14 所示。

图 4-13　单芯光纤熔接机　　　　　　图 4-14　光纤显微检视镜

（8）其他光纤工具。

光纤固化加热炉、手动光纤研磨工具、光纤头清洗工具、纤探测器和常用光纤工具包等，如图 4-15 所示为一款常见的网络工具包。

3．工程施工辅助工具

（1）电工工具箱。

电工工具箱是布线施工中必备的工具，它一般应包括钢丝钳、尖嘴钳、斜口钳、剥线钳、一字螺丝刀、十字螺丝刀、测电笔、电工刀、电工胶带、活扳手、呆扳手、卷尺、铁锤、凿子、斜口凿、钢锉、钢锯、电工皮带和工作手套等工具。工具箱中还应常备诸如水泥钉、木螺丝、自攻螺丝、塑料膨胀管、金属膨胀栓等小材料，如图 4-16 所示。

（2）线盘。

在施工现场特别是室外施工现场，由于施工范围广，不可能随地都能取到电源，因此要用长距离的电源线盘接电，线盘长度有 20 m、30 m、50 m 等型号，如图 4-17 所示。

（3）充电旋具。

充电旋具可单手操作，具有正反转快速变换按钮，使用灵活方便。它具有强大的扭力，可配合各式通用的六角工具头拆卸和锁入螺钉以及钻洞等，能够大大提高工效，如图 4-18 所示。

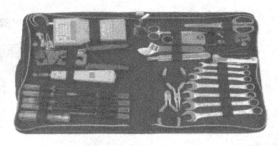

光纤工具包(37件组)
- 多功能网络测试仪
- RJ–45/RJ–11压线钳
- 端子压线钳
- 螺丝批主杆
- 8PCS螺丝批
- 160mm塑柄剪刀
- 140mm不锈剪刀
- 150mm活动扳手
- 纸刀
- 3芯电缆剥线钳
- 2芯电缆剥线钳
- 125mm尖嘴钳
- 125mm斜嘴钳
- 7PCS内六角扳手：
  1.5、2.0、2.5、3.0
  4.0、5.0、6.0(mm)
- 7PCS两用扳手：
  8、9、10、11、12
  13、15(mm)

图 4-15　光纤工具包

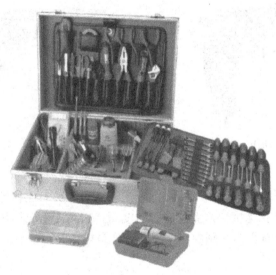

专业高级电工工具箱（75件组）

8" 平咀钳
5" 尖咀钳
5" 斜咀钳
5" 平口钳
5" 弯咀钳
5" 活动扳手
30W电烙铁
PVC胶带
0.8mm锡丝筒
吸锡器
剪刀
纸刀
160mm固定镊子
3支锉刀
135mm直尖镊子

135mm弯咀镊子
螺钉批
⊖ 3×75mm 5×75mm 6×100mm
　5×150mm 6×38mm
⊕ 3×75mm 5×75mm 6×100mm
　5×150mm 6×38mm
6支庄仪表螺钉旋具
10支庄两用扳手4、4.5、5、
5.5、6、7、8、9、10、11 mm
套筒螺钉批
5.5×75mm 6.0×75mm
手电筒
测电笔
压线钳
防锈润滑剂

酒精瓶
刷子
3支助焊工具
IC起拨器
防静电腕带
烙铁架
钳台
元件盒
万用表
T10梅花头螺钉批
电钻
折式六角匙
铝制工具包

图 4-16　电工工具箱

图 4-17 线盘

图 4-18 充电旋具

（4）手电钻。

手电钻由电动机、电源开关、电缆和钻孔头等组成。用钻头钥匙开启钻头锁，使钻夹头扩开或拧紧，使钻头松出或固牢，如图 4-19 所示。

（5）冲击电钻。

冲击电钻由电动机、减速箱、冲击头、辅助手柄、开关、电源线、插头及钻头夹等组成，适用于在混凝土、预制板、瓷面砖、砖墙等建筑材料上进行钻孔或打洞，如图 4-20 所示。

图 4-19 手电钻

图 4-20 冲击电钻

（6）电锤。

电锤以单相串励电动机为动力，适用于在混凝土、岩石、砖石砌体等脆性材料上钻孔、开槽、凿毛等作业。电锤钻孔速度快，而且成孔精度高，它与冲击电钻从功能看有相似的地方，但从外形与结构上看是有很多区别的，主要的区分是电锤具有强烈的冲击力，如图 4-21 所示。

（7）电镐。

电镐采用精确的重型电锤机械结构，如图 4-22 所示。电镐具有极强的混凝土铲凿功能，比电锤功率大，更具冲击力和震动力，减震控制使操作更加安全，并具有生产效能可调控的冲击能量，适合多种材料条件下的施工。

图 4-21 电锤

图 4-22 电镐

任务3　综合布线线缆施工

一、任务引入

信息学院信息中心（2 号楼）的综合布线施工方案涉及双绞线和光纤的设备连接技术及线缆的敷设技术，在实际的施工过程中，主要应完成如下任务：

（1）双绞线的端接及线缆敷设。

（2）光纤的端接及线缆敷设。

二、任务分析

在本任务中，需要完成信息楼的线缆敷设（局部施工如图 4-23 所示），用到两种主要的线缆传输介质：双绞线、光纤。在整个施工过程中，根据用户对不同线缆的敷设要求及具体情况，结合相关的综合布线标准及工程实施准则，如何将布线理论与本工程结合好是工程实施中最关键的问题。在具体施工环境下合理地进行"因地制宜"，将工程完成得最好是本工程的重中之重。当然这种结合应该是建立在熟练掌握各种线缆连接操作的基础之上的。

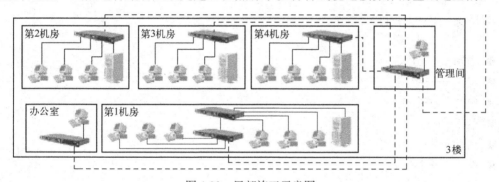

图 4-23　局部施工示意图

同时需要说明的一点是：工程施工是工程设计的实际操作，而实际操作的过程是一个复杂的系统工程，施工过程中会受到天气状况、施工环境、客户要求变更、供需双方人际关系等不确定因素的影响。大量工程实例证明，过硬的施工技术是完成综合布线工程的基础保障，但仅仅依靠施工技术是很难完成一个好的综合布线工程的。良好的工程习惯、面对问题时灵活的处理方式、理论与实践的结合能力对于一个优质的工程施工同样是不可或缺的。

知识链接——线缆施工

综合布线的线缆施工是综合布线工程的关键环节，必须明确相关的施工规则。

4.3.1　双绞线制作

1．跳线

跳线做法遵循国际标准 EIA/TIA-568，有 A、B 两种端接方式：IBM 公司的产品通常用端接方式 A，AT&T 公司的产品通常用端接方式 B，端接时双绞线的线序定义如表 4-1 所示。而跳线的连接方法也主要有两种：直通跳线和交叉跳线。直通跳线也就是普通跳线，用于计算机网卡与模块的连接、配线架与配线间的连接、配线架与 HUB 或交换机的连接。它两端的 RJ45 接头接线方式是相同的，两端都遵循 568A 或 568B 标准。而交叉跳线用于 HUB 与交换机等设备间的连接，它们两端的 RJ45 接线方式是不相同的，要求其中的一个接线对调 1/2、3/6 线对，而其余线对则可依旧按照一一对应的方式安装。

表 4-1 双绞线的线序定义

线序	1	2	3	4	5	6	7	8
T568A	白绿	绿	白橙	蓝	白蓝	橙	白棕	棕
T568B	白橙	橙	白绿	蓝	白蓝	绿	白棕	棕
绕对	同一绕对		与6同一绕对	同一绕对		与3同一绕对	同一绕对	

在小型办公网络或家庭网络的安装中，经常提到双机互联跳线。其实就是交叉跳线（crossover），这种跳线并非综合布线中使用的标准跳线，而是一种特殊的硬件设备连接线。在用双绞线将两台计算机直接连接时，或两台 HUB 或两台交换机要通过 RJ45 口对接时，就需要俗称交叉跳线。它按照一个专门的连接顺序，一端按照 T568A 标准，而另一端按照 T568B 标准进行安装。

RJ45 交叉跳线的对接方法如下：

　一端　　另一端
- 白橙——白绿
- 橙　——绿
- 白绿——白橙
- 蓝　——蓝
- 白蓝——白蓝
- 绿　——橙
- 白棕——白棕
- 棕　——棕

2. 材料

线缆材料包括线缆本身和连接它的接头。

（1）RJ45 接头。

RJ45 接头之所以称为"水晶头"，是因为它的外表晶莹透亮。双绞线的两端必须都安装 RJ45 接头，以便插在网卡、HUB 或交换机（Switch）RJ45 插槽上。制作网线所需要的 RJ45 接头前端有 8 个凹槽，简称"8P"（Position，位置）。凹槽内的金属接点共有 8 个，简称"8C"（Contact，接点或触点），因此业界对此有"8P8C"的别称。常见的和 RJ45 很相近的有 RJ11 接头。RJ11 接头是电话线使用的接头，虽然它有 4 个槽（Position），但仅有 2 个或 4 个金属接点，因此在普通电器商店中，常可看到标着"4P4C"或"4P2C"的接头。从侧面观察 RJ45，可见到平行排列的金属片，一共有 8 片。每片金属片前端都有个突出的透明框，从外表来看就是一个金属接点。按金属片的形状来区分，RJ45 水晶接头又有"二叉式 RJ45"和"三叉式 RJ45"之分。RJ45 的 8 只接脚虽然外观都一样，不过它们有各自的名称。压接在电缆两端、大小约 1 mm 的透明长框称为 RJ45 接头；而位于网卡或集线器上的

8 只接触金属脚的凹槽，则称为 RJ45 插槽。RJ45 接头的一侧带有一条具有弹性的卡栓，用来固定在 RJ45 插槽上。翻过来相对的一面，则可看到 8 只金属接脚。将接脚前端背向自己，最左边的就是第 "1" 脚，向右依次为 "2" "3"，直到第 "8" 脚，如图 4-24 所示。RJ45 接头也有几种档次，一般比较好的如 AMP 的，SYS-TIMAXSCS 系列产品的 RJ45 连接器，质量可以得到保证。在选购时不可以贪图便宜，否则质量得不到保证。RJ45 接头虽小，但重要性一点都不能小看，在网络故障中有相当一部分是因为 RJ45 接头质量不好而造成的。主要体现在以下两方面：

① 它的接触探针是镀铜的，容易生锈，造成接触不良、网络不通。

② 质量差的还有一点明显表现为塑料扣位不紧（通常是变形所致），也很容易造成接触不良、网络中断。

对于 RJ45 接头的物理结构，6 类和超 5 类有内在的差别，而外观上经常是很难看到的。和 5 类、超 5 类相似，典型的 6 类连接器为 8 个引脚的结构，但这是为了设计上和 5 类、超 5 类系统的向后兼容性而考虑的。但 6 类连接器还多了个导线配件。

（2）双绞线电缆。

在双绞线产品家族中，主要的品牌有安普（AMP）、西蒙（Siemon）、朗讯（Lucent）、丽特（NORDX/CDT）、AVAYA。

3. 信息模块

依据双绞线的跳线规则，在企业网络中通常不是直接拿网线的水晶头插到集线器或交换机上，而是先把来自集线器或交换机的网线与信息模块连在一起埋在墙上，这就涉及信息模块芯线排列顺序问题，也即跳线规则。

交换机或集线器到网络模块之间的网线接线方法前面已经讲过，这里就不重复了。

虽然从集线器或交换机到工作站的网线可以是不经任何跳线的直连线，但为了保证网络的高性能，最好同一网络采取同一种端接方式，包括信息模块和网线水晶头。水晶头和信息模块各引脚的对应顺序如图 4-24 所示。因为在信息模块各线槽中都有相应的颜色标注，只需要选择相应的端接方式，然后按模块上的颜色标注把相应的芯线卡入相应的线槽中即可。

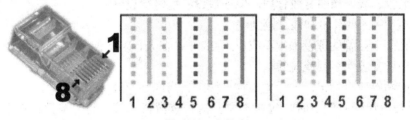

图 4-24　水晶头

图 4-24 中的 1、2、3、4、5、6、7、8 顺序不是随便定的，它是在把水晶头有金属弹片的一面向上，塑料扣片向下，插入 RJ-45 座的一头向外，从左到右依次为 1、2、3、4、5、6、7、8 脚。而信息模块的引脚顺序如图 4-24 右图有明确的标注，在此就不再另述了。

4. 线缆管道敷设

线缆管道敷设是网络布线工程中的一项重要工作，线缆管道如何敷设，应视工程条件、环境特点和电缆类型、数量等因素而定，以及遵循运行可靠、便于维护和技术经济合理的原则。这里以金属管线为例讲述管线敷设。

（1）金属管的敷设。

① 金属管的要求：金属管应符合设计文件的规定，表面不应有穿孔、裂缝和明显的凹凸不平，内壁应光滑，不允许有锈蚀。在易受机械损伤的地方和在受力较大处直埋时，应采用足够强度的管材。

② 金属管的切割套丝：在配管时，根据实际需要长度对管子进行切割。管子的切割可使用钢锯、管子切割刀或电动切管机，严禁用气割。管子和管子连接，管子和接线盒、配线箱的连接，都需要在管子端部进行套丝。套丝时，先将管子在管钳上固定压紧，然后再套丝，套完后应立即清扫管口，将管口端面和内壁的毛刺锉光，使管口保持光滑。

③ 金属管的弯曲：在敷设时，应尽量减少弯头，每根管的弯头不应超过 3 个，直角弯头不应超过 2 个，并不应有 S 弯出现。金属管的弯曲一般都用弯管进行。先将管子需要弯曲部位的前段放在弯管器内，焊缝放在弯曲方向背面或侧面，以防管子弯扁；然后用脚踩住管子，手板弯管器便可得到所需的弯度。暗管管口应光滑，并加有绝缘套管，管口伸出部位应为 25～30 mm。

④ 金属管的连接：金属管连接应牢靠，密封应良好，两管口应对准。套接的短套管或带螺纹的管接头的长度，不应小于金属管外径的 2.2 倍。金属管的连接采用短套接时，施工简单方便；采用管接头螺纹连接则较美观，可保证金属管连接后的强度。金属管进入信息插座的接线盒后，暗埋管可用焊接固定，管口进入盒内的露出长度应小于 5 mm。明设管应用锁紧螺母或带丝扣管帽固定，露出锁紧螺母的丝扣为 2～4 扣。

⑤ 金属管的敷设如下。

● 金属管的暗设应符合下列要求。

预埋在墙体中间的金属管内径不宜超过 50 mm，楼板中的管径宜为 15～25 mm，直线布管 30 mm 处设置暗线盒。敷设在混凝土、水泥里的金属管，其地基应坚实、平整、不应有沉陷，以保证敷设后的线缆安全运行。

金属管连接时，管孔应对准，接缝应严密，不得有水泥、砂浆渗入；管孔对准、无错位，以免影响管、线、槽的有效管理，保证敷设线缆时穿设顺利。

金属管道应有不小于 0.1% 的排水坡度。

建筑群之间金属管的埋设深度不应小于 0.7 m；在人行道下面敷设时，不应小于 0.5 m。

金属管内应安置牵引线或拉线。

金属管的两端应有标记，表示建筑物、楼层、房间和长度。

● 光缆与电缆同管敷设时，应在金属管内预置塑料子管。将光缆敷设在子管内，使光缆和电缆分开布放，子管的内径应为光缆外径的 2.5 倍。

（2）金属线槽的敷设。

① 线槽安装要求如下。

● 线槽安装位置应符合施工图规定，左右偏差视环境而定，最大不应超过 50 mm；

● 线槽水平每米偏差不应超过 2 mm；

● 垂直线槽应与地面保持垂直，并无倾斜现象，垂直度偏差不应超过 3 mm；

● 线槽节与节间用接头连接板拼接，螺钉应拧紧，两线槽拼接处水平度偏差不应超过 2 mm；

- 当直线段桥架超过 30 m 或跨越建筑物时，应有伸缩缝；
- 其连接宜采用伸缩连接板；
- 线槽转弯半径不应小于其槽内的线缆最小允许弯曲半径的最大者；
- 盖板应紧固；
- 支吊架应保持垂直，整齐牢靠，无歪斜现象。
② 水平子系统线缆敷设支撑保护包括以下内容。
- 预埋金属线槽支撑保护要求如下：

在建筑物中预埋线槽可为不同的尺寸，按一层或两层设置，应至少预埋两根以上，线槽截面高度不宜超过 25 mm；

线槽直埋长度超过 15 m 或在线槽路由交叉、转弯时宜设置拉线盒，以便布放线缆盒时维护；

拉线盒盖应能开启，与地面齐平，盒盖处应能开启，并采取防水措施；

线槽宜采用金属管引入分线盒内。

- 设置线槽支撑保护要求如下：

水平敷设时，支撑间距一般为 1.5～3 m；垂直敷设时，固定在建筑物构体上的间距宜小于 2 m；

金属线槽敷设时，下列情况设置支架或吊架：线缆接头处、间距 3 m、离开线槽两端口 0.5 m 处、线槽走向改变或转弯处。

在活动地板下敷设线缆时，活动地板内净空不应小于 150 mm；如果活动地板内作为通风系统的风道使用时，地板内净高不应小于 300 mm。

在工作区的信息点位置和线缆敷设方式未定的情况下，或在工作区采用地毯下布放线缆时，在工作区宜设置交接箱。

- 干线子系统线缆敷设支撑保护要求如下：

线缆不得布放在电梯或管道竖井内；干线通道间应沟通；弱电间中线缆穿过每层楼板孔洞宜为方形或圆形；建筑群子系统线缆敷设支撑保护应符合设计要求。

4.3.2 光缆施工

1. 操作程序

（1）在进行光纤接续或制作光纤连接器时，施工人员必须戴上眼镜和手套，穿上工作服，保持环境洁净。

（2）不允许观看已通电的光源、光纤及其连接器，更不允许用光学仪器观看已通电的光纤传输通道器件。

（3）只有在断开所有光源的情况下，才能对光纤传输系统进行维护操作。

2. 光纤布线过程

首先，光纤的纤芯是石英玻璃的，极易弄断，因此在施工弯曲时决不允许超过最小的弯曲半径。其次，光纤的抗拉强度比电缆小，因此在操作光缆时，不允许超过各种类型光缆抗拉强度；在光缆敷设好以后，在设备间和楼层配线间，将光缆捆接在一起，然后才进行光纤连接；可以利用光纤端接装置（OUT）、光纤耦合器、光纤连接器面板来建立模组化的连接；当辐射光缆工作完成后及光纤交连和在应有的位置上建立互连模组以后，就可以将光纤连接器加到光纤末端上，并建立光纤连接。最后，通过性能测试来检验整体通道的有效性，并为所有连接加上标签。

4.3.3 管理间设备间施工

1. 双绞线配线设备的安装

（1）机架安装要求如下。

① 机架安装完毕后，水平、垂直度应符合生产厂家规定。若无厂家规定时，垂直度偏差不应大于 3 mm。

② 机架上的各种零件不得脱落或碰坏，各种标志应完整清晰。

③ 机架的安装应牢固，应按施工的防震要求进行加固。

④ 安装机架面板，架前应留 0.6 m 空间，机架背面离墙面距离视其型号而定，便于安装和维护。

（2）配线架安装要求如下。

① 采用下走线方式时，架底位置应与电缆上线孔相对应。

② 各直列垂直倾斜误差应不大于 3 mm，底座水平误差每平方米应不大于 2 mm。

③ 接线端子各种标记应齐全。

④ 交接箱或暗线箱宜设在墙体内，安装机架、配线设备接地体应符合设计要求。

2. 光纤配线设备

（1）光缆配线设备的使用应符合的规定；

（2）光缆交接设备的型号、规格应符合设计要求；

（3）光缆交接设备的编排及标记名称应与设计相符；各类标记名称应统一，标记位置应正确、清晰，并保持良好的电器连接。

任务实现——案例工程施工

通过任务分析和相关知识学习，读者对线缆施工规则应该有了初步的了解。真正的工程施工要做好下面几项工作。

一、双绞线直通 RJ-45 接头的制作

第 1 步：用双绞线网线钳（当然也可以用其他剪线工具）把 5 类双绞线的一端剪齐（最好先剪一段符合布线长度要求的网线），然后把剪齐的一端插入到网线钳用于剥线的缺口中，注意网线不能弯，直插进去，直到顶住网线钳后面的挡位，稍微握紧压线钳慢慢旋转一圈，让刀口划开双绞线的保护胶皮，拔下胶皮，如图 4-25 所示。当然也可使用专门的剥线工具来剥线皮。这里需要说明的一点：剥线完毕，一定要仔细检查线芯的外皮是否受到伤害，如线芯的外皮破了，一定要剪掉重来。好的剥线钳与优质的双绞线配合使用一般问题不大，因为网线钳做工精良，剥线的两刀片之间留有一定距离，这距离通常就是优质的双绞线里面 4 对芯线的直径。然而实际工程中的情况往往是不可预测的，一旦操作者遇到其中之一的情况不很理想的时候，往往就会造成线芯折断的情况。因此，在实训的过程中一定要仔细检查线芯的外皮是否受损，同时在剥线的过程中要有目的地去寻找手与网钳与双绞线之间的感觉，提高剥线的成功率。

注意：网线钳挡位离剥线刀口长度通常恰好为水晶头长度，这样可以有效避免剥线过长或过短。剥线过长一是不美观，二是因网线不能被水晶头卡住，容易松动；剥线过短，因有包皮存在，太厚，不能完全插到水晶头底部，造成水晶头插针不能与网线芯线完好接触，当然也不能制作成功了。

第 2 步：剥除外包皮后即可见到双绞线网线的 4 对 8 条芯线，并且可以看到每对的颜色都不同。每对缠绕的两根芯线是由一种染有相应颜色的芯线加上一条只染有少许相应颜色的白色相间芯线组成。4 条全色芯线的颜色为棕色、橙色、绿色、蓝色。将 4 对线按所需的线序打开排列好。注意，一般在进行线序重排的过程中所遵循的方法是用到哪根线时将该线对打开、排列，而不是一次性将 8 根线全部打开再进行排列。这样做的原因是：市场中有一部分双绞线颜色标记不是非常科学，白线的标记是通过在线芯上隔一段距离用一个全色的漆点来标志的，有时两个漆点间的距离比较远。一旦工程中所使用的双绞线是这种类型的，那种一次性将 8 根线全部打开再进行排列的方法有时会造成线序的混乱。然后将每条芯线拉直，并且要相互分开并列排列，不能重叠。接着用网线钳垂直于芯线排列方向剪齐（不要剪太长，只需剪齐即可），如图 4-26 所示。自左至右编号的顺序定为"1.2.3.4.5.6.7.8"。

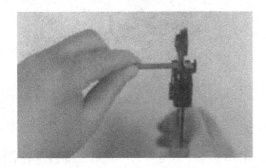

图 4-25　使用网线钳剥线

图 4-26　双绞线剪齐示意图

第 3 步：左手水平握住水晶头（塑料扣的一面朝下，开口朝右），然后把剪齐、并列排列的 8 条芯线对准水晶头开口并排插入水晶头中，注意一定要使各条芯线都插到水晶头的底部，不能弯曲（因为水晶头是透明的，所以从水晶头有卡位的一面可以清楚地看到每条芯线所插入的位置）。

第 4 步：确认所有芯线都插到水晶头底部后，即可将插入网线的水晶头直接放入网线钳压线缺口中，如图 4-27 所示。因缺口结构与水晶头结构一样，一定要正确放入才能使后面压下网线钳手柄时所压位置正确。水晶头放好后即可压下网线钳手柄，一定要使劲，使水晶头的插针都能插入到网线芯线之中，与之接触良好。然后再用手轻轻拉一下网线与水晶头，看是否压紧，最好多压一次，最重要的是要注意所压位置一定要正确。

至此，这个 RJ-45 头就压接好了。如图 4-28 所示是一条两端都制作好水晶头的网线，当然这是一条由专业公司用机器制作的双绞线网线。

二、信息模块的制作

信息模块的具体制作步骤如下。

第 1 步：用剥线工具在离双绞线一端 130 mm 长度左右把双绞线的外包皮剥去，如

图 4-29 所示。

图 4-27　使用网线钳压水晶头

图 4-28　一条两端都制作好水晶头的网线

第 2 步：如果有信息模块打线保护装置，则可将信息模块嵌入在保护装置上，如图 4-30 所示。

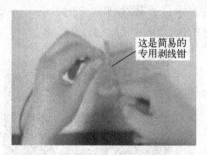

图 4-29　使用简易的专业剥线钳剥线

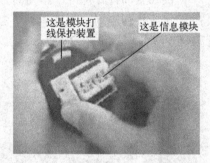

图 4-30　将信息模块嵌入在保护装置上

第 3 步：把剥开的 4 对双绞线芯线分开，但为了便于区分，此时最好不要拆开各芯线线对，只是在卡相应芯线时才拆开。按照信息模块上所指示的芯线颜色线序，两手平拉上一小段对应的芯线，稍稍用力将导线一一置入相应的线槽内，如图 4-31 所示。

第 4 步：全部芯线都嵌入好后即可用打线钳再一根根把芯线进一步压入线槽中（也可在第 3 步操作中完成一根即用打线钳压入一根，但效率低些），确保接触良好，如图 4-32 所示。然后，打掉模块外多余的线。

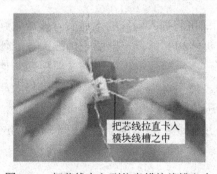

图 4-31　把芯线卡入到信息模块线槽之中

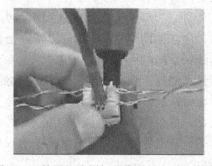

图 4-32　使用打线钳把芯线进一步压入线槽中

注意： 通常情况下，信息模块上会同时标记有 TIA 568-A 和 TIA 568-B 两种芯线颜色线序，应当根据布线设计时的规定，与其他连接和设备采用相同的线序。

84

第 5 步：将信息模块的塑料防尘片沿缺口穿入双绞线，并固定于信息模块上，如图 4-33 所示，压紧后即可完成模块的制作全过程。然后，再把制作好的信息模块放入信息插座中。

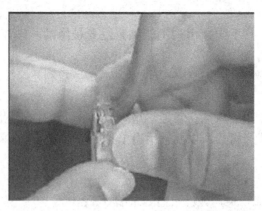

图 4-33　将塑料防尘片沿缺口穿入双绞线，并固定于信息模块上

三、双绞线线缆布线

1. 布线安全

参加施工的人员应遵守以下几点：

① 穿着合适的衣服；

② 使用安全的工具；

③ 保证工作区的安全；

④ 制定施工安全措施。

2. 线缆布放的一般要求

① 线缆布放前应核对规格、工序、路由及位置是否与设计规定相符；

② 布放的线缆应平直，不得产生扭绞、打圈等现象，不应受到外力挤压和损伤；

③ 在布放前，线缆两端应贴有标签，标明起始和终端位置以及信息点的标号，标签书写应清晰、端正和正确；

④ 信号电缆、电源线、双绞线缆、光缆及建筑物内其他弱电线缆应分离布放；

⑤ 布放线缆应有冗余。在二级交接间、设备间双绞电缆预留长度一般为 3～6 m，工作区为 0.3～0.6 m，特殊要求的应按设计要求预留；

⑥ 在牵引过程中吊挂线缆的支点相隔间距不应大于 1.5 m；

⑦ 线缆布放过程中为避免受力和扭曲，应制作合格的牵引端头。如果采用机械牵引，应根据线缆布放环境、牵引的长度、牵引张力等因素选用集中牵引或分散牵引等方式。

3. 放线

（1）从线缆箱中拉线。

① 除去塑料塞；

② 从出线孔中拉出数米的线缆；

③ 拉出所要求长度的线缆，割断它，将线缆滑回到槽中去，留数厘米伸出在外面；

④ 重新插上塞子以固定线缆。

（2）线缆处理（剥线）。

① 使用斜口钳在塑料外衣上切开"1"字形长的缝；

② 找出尼龙的扯绳；

③ 将电缆紧握在一只手中，用尖嘴钳夹紧尼龙扯绳的一端，并把它从线缆的一端拉开，拉的长度根据需要而定；

④ 割去无用的电缆外衣（另外一种方法是利用切环器剥开电缆）。

4. 线缆牵引

用一条拉线将线缆牵引穿入墙壁管道、吊顶和地板管道称为线缆牵引。在施工中，应使拉线和线缆的连接点尽量平滑，所以要采用电工胶带在连接点外面紧紧缠绕，以保证平滑和牢靠。

① 牵引多条 4 对双绞线：

● 将多条线缆聚集成一束，并使它们的末端对齐；

● 用电工胶带紧绕在线缆束外面，在末端外绕长 5～6 cm；

● 将拉绳穿过电工带缠好的线缆，并打好结。

② 如果在拉线缆过程中连接点散开了，则要收回线缆和拉线重新制作更牢靠固定连接：

● 除去一些绝缘层暴露出 5 cm 的裸线；

● 将裸线分成两条；

● 将两束导线互相缠绕起来形成环；

● 将拉绳穿过此环，并打结，然后将电工带缠到连接点周围，要缠得结实和平滑。

③ 牵引多条 25 对双绞线：

● 剥除约 30 cm 的线缆护套，包括导线上的绝缘层；

● 使用斜口钳将线切去，留下约 12 根；

● 将导线分成两个绞线组；

● 将两组绞线交叉穿过拉线的环，在线缆的那边建立一个闭环；

● 将双绞线一端的线缠绕在一起，使环封闭；

● 将电工带紧紧地缠绕在线缆周围，覆盖长度约 5 cm，然后继续绕上一段。

5. 建筑物水平线缆布线

① 管道布线。

管道布线是在浇筑混凝土时已把管道预埋在地板中，管道内有牵引线缆的钢丝或铁丝，施工时只需通过管道图纸了解地板管道就可做出施工方案。

对于没有预埋管道的新建筑物，布线施工可以与建筑物装潢同步进行，这样便于布线，也不影响建筑的美观。

管道一般从配线间埋到信息插座安装孔，施工时只要将双绞线固定在信息插座的接线端，从管道的另一端牵引拉线就可将线缆引到配线间。

② 吊顶内布线。

● 索取施工图纸，确定布线路径；

● 沿着所设计的路径（即在电缆桥架槽体内），打开吊顶，用双手推开每块镶板；

● 将多个线缆箱并排放在一起，并使出线口向上；

● 加标注，纸箱上可直接写标注，线缆的标注写在线缆末端，贴上标签；

- 将合适长度的牵引线连接到一个带卷上；
- 从离配线间最远的一端开始，将线缆的末端（捆在一起）沿着电缆桥架牵引经过吊顶走廊的末端；
- 移动梯子将拉线投向吊顶的下一孔，直到绳子到达走廊的末端；
- 将每2个箱子中的线缆拉出形成"对"，用胶带捆扎好；
- 将拉绳穿过 3 个用带子缠绕好的线缆对，绳子结成一个环，再用带子将 3 对线缆与绳子捆紧；
- 回到拉绳的另一端，人工牵引拉绳，所有的 6 条线缆（3 对）将自动从线箱中拉出并经过电缆桥架牵引到配线间；
- 对下一组线缆（另外 3 对）重复将每两个箱子中的线缆拉出形成"对"，用胶带捆扎好的操作；
- 继续将剩下的线缆组增加到拉绳上，每次牵引它们向前直到走廊末端，再继续牵引这些线缆一直到达配线间连接处。

当线缆在吊顶内布完后，还要通过墙壁或墙柱的管道将线缆向下引至信息插座安装孔。将双绞线用胶带缠绕成紧密的一组，将其末端送入预埋在墙壁中的 PVC 圆管内并把它往下压，直到在插座孔处露出 25～30 mm 即可。

四、双绞线连接和信息插座的端接

1．双绞线端接的一般要求

（1）线缆在端接前，必需检察标签颜色和数字的含义，并按顺序端接；

（2）线缆中间不得产生接头现象；

（3）线缆端接处必需卡接牢靠，接触良好；

（4）线缆端接处应符合设计和厂家安装手册要求；

（5）双绞电缆与连接硬件连接时，认准线号、线位色标，不得颠倒和错接。

2．超 5 类模块化配线板的端接

首先把配线板按顺序依次固定在标准机柜的垂直滑轨上，用螺钉上紧，每个配线板需配有 1 个 19U 的配线管理架。

（1）在端接线对之前，首先要整理线缆。用带子将线缆缠绕在配线板的导入边缘上，最好是将线缆缠绕固定在垂直通道的挂架上，这可保证在线缆移动期间避免线对的变形；

（2）从右到左穿过线缆，并按背面数字的顺序端接线缆；

（3）对每条线缆，切去所需长度的外皮，以便进行线对的端接；

（4）对于每一组连接块，设置线缆通过末端的保持器（或用扎带扎紧），这使得线对在线缆移动时不变形；

（5）当弯曲线对时，要保持合适的张力，以防毁坏单个线对；

（6）对捻必需正确安置到连接块的分开点上，这对于保证线缆的传输性能是很重要的；

（7）开始把线对按顺序依次放到配线板背面的索引条中，从右到左的色码依次为棕、棕/白、橙、橙/白、绿、绿/白、蓝、蓝/白；

（8）用手指将线对轻压到索引条的夹中，使用打线工具将线对压入配线模块并将伸出的导线头切断，然后用锥形钩清除切下的碎线头；

（9）将标签插到配线模块中，以标示此区域。

3．信息插座端接

安装要求：信息插座应牢靠地安装在平坦的地方，外面有盖板。安装在活动地板或地面上的信息插座，应固定在接线盒内。插座面板有直立和水平等形式；接线盒有开启口，应可防尘。安装在墙体上的插座，应高出地面 30 cm，若地面采用活动地板时，应加上活动地板内净高尺寸。固定螺钉需拧紧，不应有松动现象。信息插座应有标签，以颜色、图形、文字表示所接终端设备的类型。本系统采用 TIA/EIA 568-A 标准接线。

五、光纤的施工

布放光缆应平直，不得产生扭绞、打圈等现象，不应受到外力挤压和损伤；光缆布放前，其两端应贴有标签，以表明起始和终端位置；标签应书写清晰、端正和正确；最好以直线方式敷设光缆，如有拐弯，光缆的弯曲半径在静止状态时至少应为光缆外径的 10 倍，在施工过程中至少应为 20 倍。

1．光缆布放

（1）通过弱电井垂直敷设。

在弱电井中敷设光缆有两种选择：向上牵引和向下垂放。通常向下垂放比向上牵引容易些，因此当准备好向下垂放敷设光缆时，应按以下步骤进行工作：

① 在离建筑顶层设备间的槽孔 1～1.5 m 处安放光缆卷轴，使卷筒在转动时能控制光缆。将光缆卷轴安置于平台上，以便保持在所有时间内光缆与卷筒轴心都是垂直的，放置卷轴时要使光缆的末端在其顶部，然后从卷轴顶部牵引光缆。

② 转动光缆卷轴，并将光缆从其顶部牵出。牵引光缆时，要保持不超过最小弯曲半径和最大张力的规定。

③ 引导光缆进入敷设好的光缆桥架中。

④ 慢慢地从光缆卷轴上牵引光缆，直到下一层的施工人员可以接到光缆并引入下一层。在每一层楼均重复以上步骤，当光缆达到最底层时，要使光缆松弛地盘在地上。在弱电间敷设光缆时，为了减少光缆上的负荷，应在一定的间隔上（如 5.5 m）用缆带将光缆扣牢在墙壁上。用这种方法，光缆不需要中间支持，但要小心地捆扎光缆，不要弄断光纤。为了避免弄断光纤及产生附加的传输损耗，在捆扎光缆时不要碰破光缆外护套。固定光缆的步骤如下：

- 使用塑料扎带，由光缆的顶部开始，将干线光缆扣牢在电缆桥架上；
- 由上往下，在指定的间隔（5.5 m）安装扎带，直到干线光缆被牢固地扣好；
- 检查光缆外套有无破损，盖上桥架的外盖。

（2）通过吊顶敷设光缆。

本系统中，敷设光纤从弱电井到配线间的这段路径，一般采用走吊顶（电缆桥架）敷设的方式。

- 沿着所建议的光纤敷设路径打开吊顶；
- 利用工具切去一段光纤的外护套，并由一端开始的 0.3 m 处环切光缆的外护套，然后除去外护套；
- 将光纤及加固芯切去并掩没在外护套中，只留下纱线。对需敷设的每条光缆重复此过程；

- 将纱线与带子扭绞在一起；
- 用胶布紧紧地将长 20 cm 范围的光缆护套缠住；
- 将纱线馈送到合适的夹子中去，直到被带子缠绕的护套全塞入夹子中为止；
- 将带子绕在夹子和光缆上，将光缆牵引到所需的地方，并留下足够长的光缆供后续处理用。

2．光纤端接的主要材料

- 连接器件；
- 套筒：黑色用于直径 3.0 mm 的光纤，银色用于 2.4 mm 的单光纤；
- 缓冲层光纤缆支持器（引导）；
- 带螺纹帽的扩展器；
- 保护帽。

3．组装标准光纤连接器的方法

（1）ST 型护套光纤连接器安装步骤如下：

① 打开材料袋，取出连接体和后罩壳；

② 转动安装平台，使安装平台打开，用所提供的安装平台底座，把安装工具固定在一张工作台上；

③ 把连接体插入安装平台插孔内，释放拉簧朝上，把连接体的后壳罩向安装平台插孔内推。当前防护罩全部被推入安装平台插孔后，顺时针旋转连接体 1/4 圈，并缩紧在此位置上，防护罩留在上面；

④ 在连接体的后罩壳上拧紧松紧套（有助于插入光纤），将后壳罩带松紧套的细端先套在光纤上，挤压套管也沿着芯线方向向前滑；

⑤ 用剥线器从光纤末端剥去约 40～50 mm 外护套，护套必须剥得干净，端面成直角；

⑥ 让纱线头离开缓冲层集中向后面，在护套末端的缓冲层上做标记，在缓冲层上做标记；

⑦ 在裸露的缓冲层处拿住光纤，把离光纤末端 6 mm 或 11 mm 标记处的 900 μm 缓冲层剥去（为了不损坏光纤，从光纤上一小段一小段剥去缓冲层。握紧护套可以防止光纤移动）；

⑧ 用一块沾有酒精的纸或布小心地擦洗裸露的光纤；

⑨ 将纱线抹向一边，把缓冲层压在光纤切割器上。用镊子取出废弃的光纤，并妥善地置于废物瓶中；

⑩ 把切割后的光纤插入显微镜的边孔里，检查切割是否合格（把显微镜置于白色面板上可以获得更清晰明亮的图像，还可用显微镜的底孔米检查连接体的末端套圈）；

⑪ 从连接体上取下后端防尘罩并扔掉；

⑫ 检查缓冲层上的参考标记位置是否正确。把裸露的光纤小心地插入连接体内，直到感觉光纤碰到了连接体的底部为止，用固定夹子固定光纤；

⑬ 按压安装平台的活塞，慢慢地松开活塞；

⑭ 把连接体向前推动，并逆时针旋转连接体 1/4 圈，以便从安装平台上取下连接体。把连接体放入打褶工具，并使之平直。用打褶工具的第一个刻槽，在缓冲层上的"缓冲褶皱

区域"打上褶皱；

⑮ 重新把连接体插入安装平台插孔内并锁紧。把连接体逆时针旋转 1/8 圈，小心地剪去多余的纱线；

⑯ 在纱线上滑动挤压套管，保证挤压套管紧贴在连接到连接体后端的扣环上，用打褶工具的中间的那个槽给挤压套管打褶；

⑰ 松开芯线，将光纤弄直，推动后罩壳使之与前套结合。正确插入时能听到一声轻微的响声，此时可从安装平台上卸下连接体。

（2）SC 型护套光纤连接器安装步骤如下：

① 打开材料袋，取出连接体和后壳罩；

② 转动安装平台，使安装平台打开，用所提供的安装平台底座，把这些工具固定在一张工作台上；

③ 把连接体插入安装平台内，释放拉簧朝上（把连接体的后壳罩向安装平台插孔推，当前防尘罩全部推入安装平台插孔后，顺时针旋转连接体 1/4 圈，并锁紧在此位置上、防尘罩留在上面）；

④ 将松紧套套在光纤上，挤压套管也沿着芯线方向向前滑；

⑤ 用剥线器从光纤末端剥去约 40～50 mm 外护套，护套必须剥得干净，端面成直角；

⑥ 将纱线头集中拢向 900 μm 缓冲光纤后面，在缓冲层上做第一个标记（如果光纤细于 2.4 mm，在保护套末端做标记；否则在束线器上做标记）；在缓冲层上做第二个标记（如果光纤细于 2.4 mm，就在 6 mm 和 17 mm 处做标记，否则就在 4 mm 和 15 mm 处做标记）；

⑦ 在裸露的缓冲层处拿住光纤，把光纤末端到第一个标记处的 900 μm 缓冲层剥去（为了不损坏光纤，从光纤上一小段一小段剥去缓冲层，握紧护套可以防止光纤移动）；

⑧ 用一块沾有酒精的纸或布小心地擦洗裸露的光纤；

⑨ 将纱线抹向一边，把缓冲层压在光纤切割器上。从缓冲层末端切割出 7 mm 光纤，用镊子取出废弃的光纤，并妥善地置于废物瓶中；

⑩ 把切割后的光纤插入显微镜的边孔里，检查切割是否合格（把显微镜置于白色面板上可以获得更清晰明亮的图像，还可用显微镜的底孔来检查连接体的末端套圈）；

⑪ 从连接体上取下后端防尘罩并扔掉；

⑫ 检查缓冲层上的参考标记位置是否正确。把裸露的光纤小心地插入连接体内，直到感觉光纤碰到了连接体的底部为止；

⑬ 按压安装平台的活塞，慢慢地松开活塞；

⑭ 小心地从安装平台上取出连接体，以松开光纤，把连接体放入打褶工具并使之平直。然后用打褶工具的第一个槽，在缓冲层的缓冲褶皱区用力打上褶皱；

⑮ 抓住处理工具（轻轻）拉动，使滑动部分露出约 8 mm，取出处理工具并扔掉；

⑯ 轻轻朝连接体方向拉动纱线，并使纱线排整齐，在纱线上滑动挤压套管，将纱线均匀地绕在连接体上，从安装平台上小心地取下连接体；

⑰ 抓住主体的环，使主体滑入连接体的后部直到它到达连接体的档位。

4. 光纤熔接技术

光纤熔接就是利用高压放电将光纤熔化相互连接，达到永久的连接效果，而此接续方法通常得依靠精密的熔接设备。一般光纤的熔点在 1000 ℃左右。这种连接一般用在长途接续、永久或半永久固定连接。其主要特点是连接衰减在所有的连接方法中最低，一般为0.01～0.03 dB/点。但连接时，需要专用设备（熔接机）和专业人员进行操作，而且连接点也需要专用容器保护起来。

（1）熔接所需工具与材料。

熔接所需工具：熔接机、切割刀、剥线钳、凯夫拉（Kevlar）线剪刀、斜口剪、螺丝刀、酒精棉等。

光纤熔接所需材料：接续盒、熔接尾纤、耦合器、热缩套管等。

（2）光纤熔接的方法。

第一步：准备好相关工具。

光纤熔接工作不仅需要专业的熔接工具，还需要很多普通的工具辅助完成这项任务，如剪刀，竖刀等，如图 4-34 所示。信息学院信息中心（2 号楼）通过光纤收容箱（见图 4-35）固定光纤，将户外接来的用黑色保护外皮包裹的光纤从收容箱的后方接口放入光纤收容箱中。在光纤收容箱中将光纤环绕并固定好，防止日常使用松动。

图 4-34 光纤熔接工具

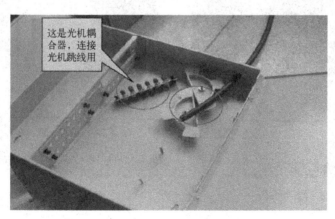

图 4-35 光纤收容箱

第二步：去皮。

首先将黑色光纤外表去皮，如图 4-36 所示，大概去掉 1 m 长左右。

接着使用美工刀将光纤内的保护层去掉,如图 4-37 所示。需要特别注意的是,光纤线芯是用玻璃丝制作的,很容易弄断,一旦弄断就不能正常传输数据了。

图 4-36　光纤剥外皮

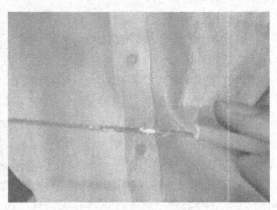

图 4-37　光纤剥外皮后的形态

第三步:清洁工作。

不管在去皮工作中多小心,也不能保证玻璃丝没有一点污染,因此在熔接工作开始之前必须对玻璃丝进行清洁。比较普遍的方法就是用纸巾沾上酒精,然后擦拭清洁每一小根光纤,如图 4-38 所示。

第四步:套接工作。

清洁完毕后,要给需要熔接的两根光纤各自套上光纤热缩套管,如图 4-39 所示,将不同束管、不同颜色的光纤分开,穿过热缩管。剥去涂覆层的光纤很脆弱,使用热缩管可以保护光纤熔接头。

图 4-38　清洁光纤

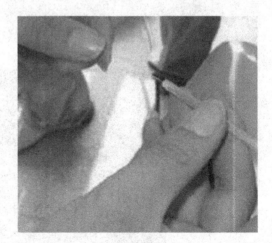

图 4-39　光纤套接

第五步:熔接工作。

打开熔接机电源,采用预置的各种对应的工序进行熔接,并在使用中和使用后及时去除熔接机中的灰尘、各镜面和 V 型槽内的粉尘和光纤碎末。光纤分常规型单模光纤、多模光纤和色散位移单模光纤，所以，熔接前要根据线路中使用的光纤来选择合适的熔接程序。如没有特殊情况，一般都选用自动熔接程序。光纤端面制作的好坏将直接影响接续质量，所以在熔接前一定要做好合格的端面。用专用的剥线钳剥去涂覆层，再用沾酒精的清洁棉在裸纤上擦拭几次，用力要适度，然后用精密光纤切割刀切割光纤，对 0.25 mm（外涂层）光纤，切割长度为 8～16 mm；对 0.9 mm（外涂层）光纤，切割长度只能是 16 mm。将光纤放在熔接机的 V 形槽中（见图 4-40），小心压上光纤压板，要根据光纤切割长度放置光纤在压板中的位置，一般将光纤切割端面放置在距离电极尖端 1 mm 位置为宜，关上防风罩。

然后按 Set 键开始熔接，如图 4-41 所示，从光纤熔接器的显示屏中可以看到两端玻璃丝的对接情况。如果对得不是太歪的话，仪器会自动调节对正，当然也可以通过按钮 X、Y 手动调节位置。等待几秒钟后就完成了光纤的熔接工作。

图 4-40　熔接准备

图 4-41　熔接

第六步：包装工作。

熔接完的光纤玻璃丝还露在外头，很容易折断，这时候就可以使用刚刚套上的光纤热缩套管进行固定了。打开防风罩，把光纤从熔接机上取出，再将热缩管放在裸纤中心，将套好光纤热缩套管的光纤放到加热器中按 HEAT 键开始加热（见图 4-42），过 10 s 后就可以拿出来了，至此完成了一个线芯的熔接工作。最后还需要把熔接好的光纤固定在光纤收容箱中。

将接续好的光纤盘到光纤收容盘上，在盘纤时，盘圈的半径越大，弧度越大，整个线路的损耗越小。所以一定要保持一定的半径，建议使用 650 nm 的激光源进行测试，如果有红光泄漏严重则说明盘纤半径过大，需要调整，使激光在纤芯里传输时，避免产生不必要的损耗。室外接续盒一定要密封好，防止进水。熔接盒进水后，由于光纤及光纤熔接点长期浸泡在水中，可能会导致部分光纤衰减增加。套上不锈钢挂钩并挂在吊线上。至此，光纤熔接完成。

图 4-42　光纤包装

（3）影响光纤熔接损耗的主要因素。

为能更好地掌握光纤熔接技术，读者还需要掌握影响光纤熔接损耗的主要因素。影响光纤熔接损耗的因素较多，大体可分为光纤本征因素和非本征因素两类。

① 光纤本征因素是指光纤自身因素，主要有以下 4 点。

● 光纤模场直径不一致；

● 两根光纤芯径失配；

● 纤芯截面不圆；

● 纤芯与包层同心度不佳。

其中，光纤模场直径不一致影响最大，按 CCITT（国际电报电话咨询委员会）建议，单模光纤的容限标准如下：

● 模场直径：（9~10 μm）±10%，即容限约±1 μm；

● 包层直径：125±3 μm；

● 模场同心度误差≤6%，包层不圆度≤2%。

② 影响光纤接续损耗的非本征因素即接续技术。

● 轴心错位：单模光纤纤芯很细，两根对接光纤轴心错位会影响接续损耗。当错位 1.2 μm 时，接续损耗达 0.5 dB。

● 轴心倾斜：当光纤断面倾斜 1° 时，约产生 0.6 dB 的接续损耗，如果要求接续损耗 ≤0.1 dB，则单模光纤的倾角应为≤0.3°。

● 端面分离：活动连接器的连接不好，很容易产生端面分离，造成连接损耗较大。当熔接机放电电压较低时，也容易产生端面分离，此情况一般在有拉力测试功能的熔接机中可以发现。

● 端面质量：光纤端面的平整度差时也会产生损耗甚至气泡。

● 接续点附近光纤物理变形：光缆在架设过程中的拉伸变形，接续盒中夹固光缆压力太大等，都会造成接续损耗，甚至熔接几次都不能改善。

③ 其他因素的影响。

接续人员操作水平、操作步骤、盘纤工艺水平、熔接机中电极清洁程度、熔接参数设置、工作环境清洁程度等均会影响到熔接损耗的值。

（4）降低光纤熔接损耗的措施。

为了降低光纤熔接损耗，在施工过程中可以采用以下方法：

① 一条线路上尽量采用同一批次的优质名牌裸纤。

对于同一批次的光纤，其模场直径基本相同，光纤在某点断开后，两端间的模场直径可视为一致，因而在此断开点熔接可使模场直径对光纤熔接损耗的影响降到最低程度。所以要求：光缆生产厂家用同一批次的裸纤，按要求的光缆长度连续生产，在每盘上顺序编号并分清 A、B 端，不得跳号；敷设光缆时须按编号沿确定的路由顺序布放，并保证前一盘光缆的 B 端要和后一盘光缆的 A 端相连，从而保证接续时能在断开点熔接，并使熔接损耗值降到最小。

② 光缆架设按要求进行。

在光缆敷设施工中，严禁光缆打小圈及折、扭曲，3 km 的光缆 80 人以上施工，4 km 必须 100 人以上施工，并配备 6~8 部对讲机；另外"前走后跟，光缆上肩"的放缆方法能够有效地防止打背扣的发生。牵引力不超过光缆允许的 80%，瞬间最大牵引力不超过 100%，牵引力应加在光缆的加强件上。敷放光缆应严格按光缆施工要求，从而最低限度地降低光缆施工中光纤受损伤的概率，避免光纤芯受损伤导致的熔接损耗增大。

③ 挑选经验丰富、训练有素的光纤接续人员进行接续。

现在熔接大多是熔接机自动熔接，但接续人员的水平直接影响接续损耗的大小。接续人员应严格按照光纤熔接工艺流程图进行接续，并且熔接过程中应一边熔接一边用 OTDR（光损耗测量仪器）测试熔接点的接续损耗，不符合要求的应重新熔接。对熔接损耗值较大的点，反复熔接次数以 3~4 次为宜，多根光纤熔接损耗都较大时，应剪除一段光缆重新开缆熔接。

④ 接续光缆应在整洁的环境中进行。

严禁在多尘及潮湿的环境中露天操作，光缆接续部位及工具、材料应保持清洁，不得让光纤接头受潮，准备切割的光纤必须清洁，不得有污物。切割后光纤不得在空气中长期暴露，尤其是在多尘潮湿的环境中。

⑤ 选用精度高的光纤端面切割器来制备光纤端面。

光纤端面的好坏直接影响到熔接损耗大小，切割的光纤应为平整的镜面，无毛刺，无缺损。光纤端面的轴线倾角应小于 1°，高精度的光纤端面切割器不但提高光纤切割的成功率，也可以提高光纤端面的质量，这对 OTDR 测试不着的熔接点（即 OTDR 测试盲点）和光纤维护及抢修尤为重要。

⑥ 熔接机的正确使用。

熔接机的功能就是把两根光纤熔接到一起，所以正确使用熔接机也是降低光纤接续损耗的重要措施。应根据光纤类型正确、合理地设置熔接参数、预放电电流、时间及主放电电流、主放电时间等，并且在使用中和使用后及时去除熔接机中的灰尘，特别是夹具、各镜面和 V 型槽内的粉尘和光纤碎末。每次使用前应使熔接机在熔接环境中放置至少 15 min，特别是环境变化较大时（如冬天的室内与室外），应根据当时的气压、温度、湿度等环境情况，重新设置熔接机的放电电压及放电位置，以及使 V 型槽驱动器复位等调整。

六、设备间施工

1. 接插式配线架的端接

（1）第 1 个 110 配线架上要端接的 24 条线牵拉到位，每个配线槽中放 6 条双绞线。左边的线缆端接在配线架的左半部分，右边的线缆端接在配线架的右半部分。

（2）在配线板的内边缘处将松弛的线缆捆起来，保证单条的线缆不会滑出配线板槽，避免线缆束的松弛和不整齐。

（3）在配线板边缘处的每条线缆上标记一个新线的位置，这有利于下一步在配线板的边缘处准确地剥去线缆的外衣。

（4）拆开线缆束并握紧，在每条线缆的标记处划痕，然后将刻好痕的线缆束放回去，为盖上 110 配线板做准备。

（5）当 4 个缆束全都刻好痕并放回原处，用螺钉安装 110 配线架，并开始进行端接（从第一条线缆开始）。

（6）在刻痕处向外最少 15 cm 处切割线缆，并将刻痕的外套滑掉。

（7）沿着 110 配线架的边缘将 4 对导线拉进前面的线槽中。

（8）拉紧并弯曲每一线对使其进入索引条的位置中，用索引条上的高齿将一对导线分开，在索引条最终弯曲处提供适当的压力使线对的变形最小。

（9）当上面两个索引条的线对安放好，并使其就位及切割后，再进行下面两个索引条的线对安置。在所有 4 个索引条都就位后，再安装 110 连接模块。

2. 标识管理

标识管理是管理子系统综合布线的一个重要组成部分。完整的标识应提供以下的信息：建筑物的名称、位置、区号和起始点。综合布线使用了 3 种标识：电缆标识、场标识和插入标识，其中插入标识最常用。这些标识是硬纸片，通常由安装人员在需要时取下来使用。

（1）电缆标识。由背面有不干胶的白色材料制成，可以直接贴到各种电缆表面上。其中尺寸和形状根据需要而定，在交连场安装和做标识之前利用这些电缆标识来辨别电缆的源发地和目的地。

（2）场标识。也是由背面为不干胶的材料制成，可贴在设备间、配线间、二级交接间、中继线/辅助和建筑物布线场的平整表面上。

（3）插入标识。它是硬纸片，可插在 1.27 cm×20.32 cm 的透明塑料夹里，这些塑料夹位于 110 型接线块上的两个水平齿条之间。每个标识都用色标来指明电缆的源发地，这些电缆端接于设备间和配线间的管理场。插入标识所用的底色及其含义如下。

● 在设备间：

① 蓝色：从设备间到工作区的信息插座（IO）实现连接；

② 白色：干线电缆和建筑群电缆；

③ 灰色：端接与连接干线到计算机房或其他设备间的电缆；

④ 绿色：来自电信局的输入中继线；

⑤ 紫色：来自 PBX 或数据交换机之类的公用系统设备连线；

⑥ 黄色：来交换机和其他各种引出线；

⑦ 橙色：多路复用输入；

⑧ 红色：关键电话系统；

⑨ 棕色：建筑群干线电缆。

● 在主接线间：

① 白色：来自设备间的干线电缆端接点；

② 蓝色：到配线接线间 I/O 服务的工作区线路；

③ 灰色：到远程通信（卫星）接线间各区的连接电缆；

④ 橙色：来自卫星接线间各区的连接电缆；

⑤ 紫色：来自系统公用设备的线路。

☯ **同步训练**

一、思考练习

（1）综合布线施工前要做哪些准备工作？

（2）简述 EIA/TIA 568B 跳线的制作步骤。

（3）简述信息插座端接的步骤。

（4）简述设备间施工的要点。

二、实训

实训一

1. 实训题目

布线工具使用。

2. 实训目的

了解各种布线工具使用方法，重点掌握专业布线工具使用方法。

3. 实训内容

操作使用各种布线工具。

4. 实训方法

在教师的指导下实际操作使用工具。

5. 实训总结

（1）根据实训情况，记录操作过程。

（2）按照附录所给实训报告样式填写报告。

实训二

1. 实训题目

制作双绞线跳线。

2. 实训目的

掌握双绞线跳线的制作方法。

3. 实训内容

每人制作两根跳线：一根为两端均为 EIA/TIA 568-B 线序的跳线，另一根为一端 EIA/TIA 568-B、另一端 EIA/TIA 568-A 的跳线。

4. 实训方法

用网线制作工具，按教材讲授的方法，在教师的指导下制作、完成跳线。

5. 实训总结

（1）根据实训情况，记录操作过程。

（2）按照附录所给实训报告样式填写报告。

实训三

1. 实训题目

制作信息模块。

2. 实训目的

掌握信息模块的制作方法。

3. 实训内容

完成信息模块的端接。

4. 实训方法

按教材讲授的方法，在教师的指导下完成。

5. 实训总结

（1）根据实训情况，记录操作过程。

（2）按照附录所给实训报告样式填写报告。

实训四

1．实训题目

管线的铺设。

2．实训目的

掌握双绞线的敷设方法。

3．实训内容

以组为单位，完成墙内 60 m 管材的敷设，并在管材内完成双绞线的敷设（可根据实际情况适当设置弯角）。

4．实训方法

按教材讲授的方法，在教师的指导下完成。

5．实训总结

（1）根据实训情况，记录操作过程。

（2）按照附录所给实训报告样式填写报告。

实训五

1．实训题目

配线架的连接。

2．实训目的

掌握配线架的连接方法。

3．实训内容

完成从信息模块到配线架的连接。

4．实训方法：

按教材讲授的方法，在教师的指导下完成。

5．实训总结

（1）根据实训情况，记录操作过程。

（2）按照附录所给实训报告样式填写报告。

实训六

1．实训题目

机柜的连接与使用。

2．实训目的

掌握机柜的连接与使用方法。

3．实训内容

完成从配线架到机柜的连接。

4．实训方法

按教材讲授的方法，在教师的指导下完成。

5．实训总结

（1）根据实训情况，记录操作过程。

（2）按照附录所给实训报告样式填写报告。

模块 5　布线系统测试与验收

📁 学习目标

【知识目标】
◆ 熟悉几种常用测试仪的基本使用方法。
◆ 掌握双绞线网络的测试方法及技巧。
◆ 掌握光纤网络的测试方法及技巧。
◆ 了解综合布线系统的工程验收的相关技术规范。
◆ 掌握布线系统的工程验收的内容及方法。

【能力目标】
◆ 能够完成基本的布线测试操作。
◆ 能够完成综合布线系统的工程验收。

⊙ 任务 1　综合布线系统测试

一、任务引入

施工结束后，需要完成的一项任务就是施工项目的测试。实践统计分析表明，网络系统发生故障时，约 70%是布线工程的质量问题，要保障工程质量，必须进行科学合理的设计、材料的优选和高水平施工，只有保证了这 3 个环节才能实现。工程质量到底是否达到了设计要求，必须通过测试检验，施工项目的测试是评价工程质量好坏的唯一标准。因此，我们需要合理、适时地进行施工项目测试来确保工程质量。在信息学院信息中心（2 号楼）的工程中，主要测试任务包括：

（1）双绞线网络的测试。

（2）光纤网络的测试。

二、任务分析

施工项目测试的主要内容是检查工程施工是否达到了工程设计的预期目标，网络线路的传输能力是否符合标准。在目前国内的很多综合布线工程中，特别是一些小工程中施工方经常会利用用户专业知识的缺陷降低施工项目测试的标准，以达到降低工程成本的目的。具体做法往往为："以通带好"，在进行测试时只要线路通了就万事大吉。实际"通"并不意味着"好"，并不意味着施工达到了预期的目的。只有通过专业的测线设备和检测方法得到了合格的专业测试数据才能说项目合格了。在信息学院信息中心（2 号楼）的工程测试中，工程初期测试应使用"能手"测试仪进行初步的链路通畅测试，而在工程验收阶段就要使用专业测试设备对所有线路进行精确的数据传输能力的测试。为能更好地进行施工测试，了解一些相关知识是十分必要的。

知识链接——综合布线系统测试

在综合布线系统工程实施过程中，影响布线系统工程质量的因素很多，所以，必须经过测试才能获知结果，它是系统验收的重要依据，测试工作是布线系统很重要的一个环节。

5.1.1 布线测试分类

1. 验证测试

验证测试又称随工测试，即边施工边测试，主要检测线缆的质量和安装工艺，及时发现并纠正问题，避免整个工程完工时才测试发现问题，重新返工，耗费不必要的人、财、物。验证测试不需要使用复杂的测试仪，只需要能测试接线通断和线缆长度的测试仪。在工程竣工检查中，短路、反接、线对交叉、链路超长等问题约占整个工程质量问题的 80%，这些问题在施工初期通过重新端接、调换线缆、修正布线路由等措施比较容易解决。若等到完工验收阶段，再发现这些问题，解决起来就比较困难。

2. 认证测试

认证测试又称验收测试，是所有测试工作中最重要的环节。通常在工程验收时，对布线系统的安装、电气特性、传输性能、工程设计、选材以及施工质量进行全面检验。认证测试通常分为自我认证和第三方认证两种类型。

（1）自我认证测试。

这项测试由施工方自行组织，按照设计施工方案对工程所有链路进行测试，确保每一条链路都符合标准要求。如果发现未达标准的链路，应进行整改，直至复测合格。同时编制确切的测试技术档案，写出测试报告，交建设方存档。测试记录应当做到准确、完整、规范，便于查阅。由施工方组织的认证测试，可邀请设计、施工监理多方参与，建设单位也应派遣网管人员参加这项测试工作，以便了解整个测试过程，方便日后管理与维护系统。

认证测试是设计、施工方对所承担的工程进行的一个总结性质量检验，施工单位承担认证测试工作的人员应当经过测试仪表供应商的技术培训并获得认证资格。如使用 Fluke 公司的 DSP4000 系列测试仪，必须获得 Fluke 布线系统测试工程师"CCTT"（Certified Cabling Test Technician）资格认证。

（2）第三方认证测试。

布线系统是网络系统的基础性工程，工程质量将直接影响建设方网络能否按设计要求顺利开通运行，能否保障网络系统数据正常传输。随着支持吉比特以太网的超 5 类及 6 类综合布线系统的推广应用和光纤在综合布线系统中的大量应用，工程施工的工艺要求越来越高。

越来越多的建设方，既要求布线施工方提供布线系统的自我认证测试，同时也委托第三方对系统进行验收测试，以确保布线施工的质量，这是综合布线验收质量管理的规范。

第三方认证测试目前采用以下两种做法：

① 对工程要求高、使用器材类别多、投资较大的工程，建设方除要求施工方要做自我认证测试外，还邀请第三方对工程做全面验收测试。

② 建设方在要求施工方做自我认证测试的同时，请第三方对综合布线系统链路做抽样

测试。按工程大小确定抽样样本数量，一般 1000 信息点以上的抽样 30%，1000 信息点以下的抽样 50%。

要衡量、评价综合布线工程的质量优劣，唯一科学、有效的途径就是进行全面现场测试。

5.1.2 认证测试标准

布线系统的测试与布线系统的标准紧密相关。近几年来布线标准发展很快，主要是由于有像千兆以太网这样的应用需求在推动着布线系统性能的提高，导致了对新布线标准的要求加快。布线系统的测试标准随着计算机网络技术的发展而不断变化，先后使用过的标准有 ANSI/TIA/EIA TSB-67 现场测试标准、ANSI/TIA/EIA TSB-95 现场测试标准、ANSI/TIA/EIA 568-A-5-20005e 类缆线的千兆位网络测试标准、GB/T50312-2000 建筑与建筑群综合布线系统工程验收规范等。

2001 年 3 月通过了 ANSI/TIA/EIA 568-B 标准，它集合了 ANSI/TIA/EIA 568-A、TSB-67、TSB-95 等标准的内容，现已成为新的布线测试标准。该标准对布线系统测试的连接方式也进行了重新定义，放弃了原测试标准中的基本链路方式。对于不同的网络类型和网络电缆，其技术标准和所要求的测试参数是不一样的。2002 年 6 月 ANSI/TIA/EIA 568-B.2-1-2002 铜缆双绞线 6 类线标准正式出台。对于 6 类布线系统的测试标准，与 5 类布线系统相比在许多方面都有较大的超越，提出了更为严格、全面的测试指标体系。

5.1.3 测试链路模型

对综合布线系统进行测试之前首先需要确定被测链路的测试模型。所谓电缆链路是指一个电缆的连接，包括电缆、插头、插座，甚至还包括配线架、耦合器等。

对于传统的测试来说，基本链路（Basic Link）和信道链路（Channel Link）是布线系统测试链路的两个模型。推出 5e 类以后，由于基本链路模型存在一些缺陷，已经被废弃。按照 ANSI/TIA/EIA 568-B.2-1-2002 标准，网络综合布线系统测试链路模型目前有永久链路和信道链路两种模型。

1．永久链路模型

在 ANSI/TIA/EIA 568-A 标准中，所定义的链路测试模型为基本链路，基本链路最大长度是 94 m，其中包含了两根共 4 m 长的测试跳线，这两根跳线由测试设备提供。在测试过程中，链路两端连接测试仪和被测链路的测试仪接线不可能不对测试结果产生影响（主要影响是近端串扰与回波损耗），并且包含在总测试结果之中。所以，当两根测试跳线出现问题之后（如不正确的摆放和损坏），其结果会直接影响总测试结果。

永久链路是由 ISO/IEC 11801 和 EN50173 标准定义的链路模型，测试模型的连接模式。永久链路是指建筑物中的固定布线部分，即从交接间配线架到用户端的墙上信息插座（TO）的连线（不含两端的设备连线），最大长度为 90 m。

2．信道链路模型

信道定义为从网卡到局域网集线器或交换器之间的所有设备。信道测试模型包括从用户网络设备到配线间所有的组件，这种测试模型反映了用户实际使用的布线系统的性能。它包括系统集成商安装的"永久链路"，还包括两端的跳线，能够比较客观地反映出用户实际应用时的完整链路的性能，信道测试采用原装的跳线，测试时整个系统可以达到最好的性能匹配。

5.1.4 常用测试参数

由于现在常用的专业测试仪器界面多为英文版，因此读者有必要对常用的一些测试参数有所了解，以下列举了一些常用的测试参数。

● ACR（衰减串扰比）

衰减串扰比是衰减与串扰的比值，是近端串扰和衰减的差值。性能好的电缆对应的衰减串扰比值（用负分贝表示）大，其结果表明近端串扰值远大于衰减值。

● Anomaly（阻抗异常）

在网络电缆中，若某处的电缆阻抗发生了突变，便会在此处出现阻抗异常。

● Attenuation（衰减）

衰减指信号强度的减弱程度，通常用分贝表示。

● Channel（通道连接）

通道连接是一种网络连接，包括：① 一条与水平跨接相接的连接电缆；② 在跨接上有两个接点；③ 一条长达 90 m 的水平电缆；④ 在通信插座旁边有一个传输连接器；⑤ 一个通信插座。相对基本连接而言，通道连接的电缆测试极限要宽松些，因为通道连接的电缆测试极限允许在水平跨接处有两个接点，而且在通信插座旁有一个附加的连接器。

● CrossedPair（错对）

错对是双绞电缆中的一种接线错误。当电缆一端的一对接线错接到电缆另一端不同线对上，就发生了错对。

● Crosstalk（串扰）

串扰是相邻的电缆对间不需要的传输信号。当电子信号通过相邻的电缆对进行信号传输时，产生了电磁场，从而引起串扰。

● DB（分贝）

DB 是分贝（decibel）的缩写，用对数来表示，它表达了信号强度的增减。

● Impedance（阻抗）

阻抗是交流信号的阻力，由电容和电感引起。与电阻不同的是，阻抗随所施加的交流信号的频率变化而变化。

● Impedance Discontinuity（阻抗的不连续性）

当电缆的特性阻抗发生突变时，就出现了阻抗的不连续性。阻抗的不连续性可能是由接线不良、电缆型号的不匹配以及双绞电缆中有扭开部分等引起。阻抗的不连续性又称阻抗异常。

● Inductance（电感）

电感是设备具有的阻止电流变化的属性。它是电缆中不需要的特性，因为它会引起信号衰减。

● Near-End Crosstalk（NEXT）（近端串扰）

当向一对电缆发送的信号被另一对电缆作为串扰接收时，就产生了耦合。近端串扰是耦合减少的大小（用分贝表示）。近端串扰的值越大，相应的电缆性能就越好。

● PSNEXT（综合串扰）

Power sum NEXT 表示一对电缆从其他电缆对收到的综合串扰。

- Return Loss （RL）（回波损耗）

在电缆中，回波损耗是信号反射引起的信号强度损耗。电缆的回波损耗值表明：在一定频率范围内，电缆的特性阻抗与标称的阻抗相匹配的程度。

- Reversed Pair（反接）

反接是双绞电缆中的一种接线错误。当每个电缆端连接器间电缆对的线芯反接时，就发生了反接。

- Split Pair（串扰）

串扰是双绞电缆中的一种接线错误，当一个电缆对中的一条线缆与另一个不同电缆对中的线缆相互铰接时，就发生了串扰。虽然芯与芯的连接正确，但因为电缆线周围的电磁场无法彻底消除，所以铰接的电缆对会引起过量的串扰。

- TDR（时域反射）

时域反射是用来寻找电缆故障、测量电缆长度以及特性阻抗的一种技术。向电缆发射的测试脉冲，将会被阻抗断点（如短路或开路）反射回来。根据测试脉冲与反射脉冲间的持续时间和对反射脉冲形状的分析，可以确定电缆的特性阻抗。

- TDX™（时域串扰）

时域串扰分析可以找出电缆中近端串扰源的位置。这项测量技术是 Fluke 公司的专利。

- Terminator（终端负载）

终端负载是与同轴电缆的端点相连接的电阻。它是用来与电缆的特性阻抗相匹配，从而消除电缆中的信号反射。

任务实施——案例工程系统测试

为了能够顺利实施信息学院信息中心（2 号楼）的布线工程测试任务，必须首先了解常见的几种网络测试设备的用途、类型及应用领域；其次要能够掌握专业测试设备的各种重要相关参数；最后要能够使用相关设备进行网络性能测试，并能准确地给出测试数据。

一、常用的网络测试设备

1. "能手"测试仪

这是最常见的一种低端测试仪器，如图 5-1 所示。这种仪器的功能相对简单，通常只用于测试网络的通断情况，可以完成双绞线和同轴电缆的测试。

图5-1 "能手"测试仪

2. Fluke 公司的 DSP-100 局域网电缆测试仪

Fluke 公司的 DSP-100 局域网电缆测试仪是手持式的仪器，如图 5-2 所示，它可用来对安装的局域网双绞电缆线或同轴电缆进行认证、测试以及故障诊断。该测试仪使用了新的测试技术，它将脉冲测试信号和数字信号处理结合起来，提供了快速、精确的测试结果以及高级的测试能力。

测试仪包括下述功能：

- 根据 IEEE、ANSI、TIA、ISO/IEC 标准检查安装的局域网电缆。
- 在简单的菜单系统中显示测试选项和结果。

- 用英、德、法、西班牙、意大利文显示和打印报告。
- 自动运行所有关键的测试。
- 用大约 20 s 的时间给出双向自动测试的结果。
- 测试仪存储了常用的测试标准和电缆类型。
- 最多允许设置 4 个用户的电缆标准。
- 时域串扰分析（TDX）可对电缆串扰问题定位。
- 测试环路损耗（RL）。
- 提供 NEXT、衰减、衰减串扰比（ACR）和 RL 的曲线绘图，可显示直至 155 MHz 的 NEXT、ACR 和衰减的曲线图。
- 在非易失存储器中存储至少 500 条电缆的测试结果。
- 监测以太网的流量和脉冲噪声。Hub 端口定位可帮助识别端口连接情况。
- 存储的测试结果可传至 PC 或直接输出至串口打印机。
- 可刷新 EPROM 支持标准和软件升级。
- 当使用 Fluke DSP 光纤仪时可测试光纤电缆。

3．One Touch（网络故障一点通）

One Touch 可以快速查找交换机：定位可用接口、活动端口、MAC、IP、SNMP 名称和链路速度；快速查看数据：指出冲突的 IP 地址、网络配置不匹配以及物理错误；关键网络统计：查看以太网利用率、冲突和错误；增长网络正常运行时间，使用基线数据报告分析趋势，如图 5-3 所示。

图 5-2　Fluke 公司的 DSP-100 局域网电缆测试仪　　　图 5-3　One Touch（网络故障一点通）

二、双绞线网络测试

双绞线网络在完成线缆敷设后，必须进行网络连接测试以保证所建网络能达到设计要求。规范的网络连接测试必须是建立在专业测试设备的测试结果之上的，双绞线网络也不例外，因此这一部分工作主要是围绕着使用测试设备对双绞线网络进行测试。下面就以目前市场存在的几种典型双绞线测试设备的使用为例介绍一下双绞线网络的测试。

1．使用"能手"电缆测试仪进行双绞线网络测试

"能手"电缆测试仪在进行双绞线网络测试时只能进行线路连通性测试，而不能反映出实际网络的传输能力。但是目前布线市场上使用这种设备进行网络测试的案例还是存在的，下面简单介绍一下"能手"电缆测试仪的使用方法。

将网线两端的水晶头分别插入主测试仪和远程测试端的 RJ-45 端口，将开关开至"ON"（S 为慢速挡），主机指示灯从 1 至 8 逐个顺序闪亮。

若连接不正常，按下述情况显示：

（1）当有一根导线断路，则主测试仪和远程测试端对应线号的灯都不亮。

（2）当有几条导线断路，则相对应的几条线都不亮，当导线少于 2 根线联通时，灯都不亮。

（3）当两头网线乱序，则与主测试仪端连通的远程测试端的线号灯亮。

（4）当导线有 2 根短路时，则主测试器显示不变，而远程测试端显示短路的两根线号灯都亮。若有 3 根以上（含 3 根）线短路时，则所有短路的几条线对应的灯都不亮。

2．使用专业测试仪器进行双绞线网络测试

由于双绞线专业测试工具很多，下面以 Fluke 公司的 DSP-100 局域网电缆测试仪为例，介绍一下双绞线网络的测试。

（1）Fluke 公司的 DSP-100 局域网电缆测试仪的基本操作。

仪器使用的注意事项：

① 在测试仪连接电缆之前必须先开机，这样可使测试仪内的保护电路工作。

② 除非在监测网络工作的情况下，否则不要将测试仪接入工作的网络中，这样可能会影响网络的正常工作。

③ 当使用同轴电缆 T 形接头将测试仪接入网络时，不要将接头和导电物体接触，否则可能会影响网络的正常工作。

④ 禁止将非 RJ45 的插头插入本测试仪的 RJ45 插座，例如 RJ11（电话）插头。否则将永久损坏测试仪的插座。

⑤ 运行电缆测试时禁止由 PC 向测试仪传送数据，否则会产生错误的测试结果。

⑥ 进行电缆测试时禁止使用便携的无线电发送设备，否则会产生错误的测试结果。

⑦ 禁止测试电缆两端都有测试器连接的电缆，否则会产生错误的结果。

在使用仪器之前，先了解一下各插口以及各功能键的使用方法。DSP-100 的主机如图 5-4 所示，表 5-1 解释了各个功能及操作。

表 5-1　主机功能说明

项　目	功　能	说　明
①	旋钮开关	选择测试仪的工作模式，离开 OFF 即为开机
②	EXIT	退出当前屏幕
③	FAULT INFO	仅限 DSP-2000，自动提供造成自动测试失败的详细信息
④	TEST	启动突出显示所选的测试或再次启动上次运行的测试
⑤	1　2　3　4	提供和当前显示相关的功能，具体功能显示于键的上方
⑥	显示	有背景灯，对比度可调的 LCD 显示屏

项 目	功 能	说 明
⑦	SAVE	存储自动测试结果和改变的参数
⑧	ENTER	选择菜单中突出显示的项目
⑨	✳ WAKE UP	背景灯控制，按住 1 s 可调整显示对比度；测试仪进入休眠状态后，用该键重新启动
⑩	RS-232C 串行口	通过标准 IBM-AT EIA RS-232C 串行电缆，将 9 芯连接器接至打印机或 PC 机
⑪	交流稳压电源（充电）插口	连接稳压电源
⑫	交流电源指示灯	LED 方式 1：绿色 LED 表示测试仪正在使用交流稳压电源 LED 方式 2：多色 LED 表示 4 种状态： 不亮：交流稳压电源未连接或连接但测试仪内未安装充电电池 红灯闪烁：稳压电源正在准备快速充电前的微电流充电，本状态表示电池的电压非常低，此时测试仪不能工作 红灯长亮：稳压电源正在快速对电池充电 绿灯长亮：快速充电完毕，稳压电源正在微电流充电
⑬	RJ45 插座	用于屏蔽或非屏蔽双绞电缆的 8 芯屏蔽插座。在 DSP-2000 中，该插座标为 CABLE TEST。DSP-2000 还有另一个 RJ45 插座标为 MONITOR，它用于 10/100BaseTX 流量和 Hub 测试
⑭	BNC 连接器	仅限于 DSP-100，用于同轴电缆的连接器

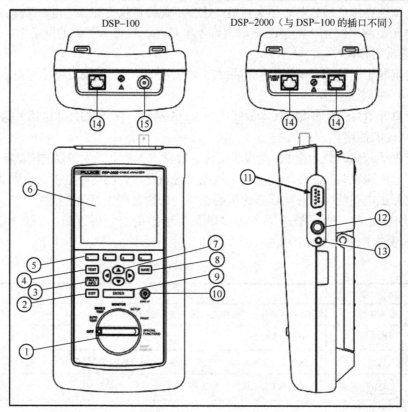

图 5-4　DSP-100 主机功能

在使用 DSP-100 进行测试的时候，很多测试项目都需要使用到远端器，远端器有两种：标准远端器和智能远端器。智能远端器能作为所有测试的远端器，而标准远端器在少数一些项目的测试上，不能够作为远端器使用，比如远端 NEXT 测试。表 5-2 介绍了远端器的各接口和功能。图 5-5 给出了远端器的外观显示，图中第一个（左上角）为标准远端器，其余 3 个为智能远端器。

表 5-2　远端器接口和功能

项　目	功　能	说　明
①	RS-232C 串行端口	DB9P 接口，用于软件升级
②	交流稳压电源接口	连接交流稳压电源
③	交流电源指示灯	LED 方式 1：绿色 LED 表示测试仪正在使用交流稳压电源 LED 方式 2：多色 LED 表示 4 种状态： 不亮：交流稳压电源未连接或连接但测试仪内未安装充电电池 红灯闪烁：稳压电源正在准备快速充电前的微电流充电，本状态表示电池的电压非常低，此时测试仪不能工作 红灯长亮：稳压电源正在快速对电池充电 绿灯长亮：快速充电完毕，稳压电源正在微电流充电
④	RJ45 接口	用于屏蔽或非屏蔽双绞电缆的 8 芯屏蔽插座
⑤	合格 LED	如果测试结束后未发现错误，绿色 LED 灯亮
⑥	测试 LED	当测试正在进行中，黄色 LED 灯亮
⑦	不合格 LED	如果测试结束后发现错误，红色 LED 灯亮
⑧	电池不足 LED	当智能远端器电池电量过低时，该 LED 灯亮
⑨	旋钮开关	开/关智能远端器

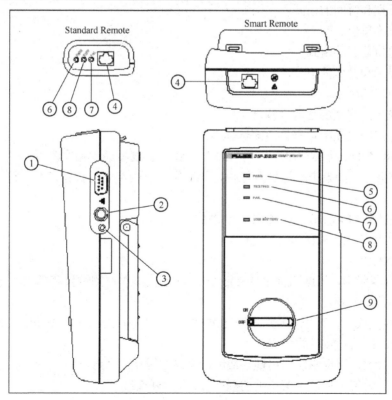

图 5-5　标准和智能远端器的外观

DSP-100 也可以作为远端器使用。当使用 DSP-100 作为远端器的时候，将旋转开关转到 SMART REMOTE 位置。

（2）DSP-100 的设置（SETUP）。

下面介绍 DSP-100 的各种设置。将旋转开关转至 SETUP 位置，即进入设置选项。设置选项菜单一共 6 页，按 ④ （Page Down）向下翻一页，按 ③ （Page Up）向上翻一页。按 ① （Choice）或 ENTER 即可进入突出选项的菜单。图 5-6 显示了设置选项菜单的第一页。设置内容如下：

- 选择测试标准和电缆类型。
- 按标准要求还可以选择平均电缆温度。
- 如果标准要求导管设置，则可以设置仪器来测试导管中的电缆安装。
- 如果使用另一台测试仪或智能远端器作为远端器，可实现远端测试或自动远端识别。
- 设置电缆识别号码，以便每次自动增加要存储的自动测试结果。
- 设置测试仪的背景灯，以便在一段时间不使用后自动关闭。
- 设置测试仪在一段时间不使用后切换至低功耗模式。
- 设置脉冲噪声的电平值。
- 选择串行端口的参数。
- 使能或关闭测试仪的蜂鸣器。
- 设置日期和时间。
- 选择日期和时间的格式。
- 选择长度单位。
- 选择数值显示的格式。
- 选择显示和打印的语言。
- 选择市电的频率。
- 使能或关闭屏蔽层连通性测试。
- 根据用户的电缆配置来修改测试标准。
- 选择 100 MHz 或 155 MHz 作为 NEXT、ACR 和衰减最大频率范围。

在仪器开机时，如果想知道仪器能否正常工作，一般都要对仪器进行自检，执行自检的步骤如下：

旋钮开关转至 SPECIAL FUNCTIONS 的位置。

① 用 ⊙ 突出显示 Self Test（自检）。

② 按 ENTER 。

③ 按照屏幕所示，用随机提供的 2 m 长 Cat5 连接电缆将测试仪和远端器连接起来。

④ 按 TEST 启动自检。

⑤ 当自检完成后，可以按 EXIT 返回 SPECIAL FUNCTIONS（特殊功能）主菜单或将旋转开关转至新的位置开始新的操作。

如果自检失败，则说明仪器出现了故障，不能正常使用。

下面将对各设置项目按照菜单上的顺序进行一一介绍。

- 选择测试标准和电缆类型。

选择的测试标准和电缆类型决定了测试中的测试项目和所采用的测试标准。测试仪内装了所有常用的测试标准和电缆类型的信息。

有些标准对双绞电缆既定义了通道又定义了基本连接。通道的测试限比基本连接要宽松。因为通道允许在水平方向有两个交叉连接和在工作区通信的转接。图 5-7 显示了选择测试标准和电缆类型菜单的首页。

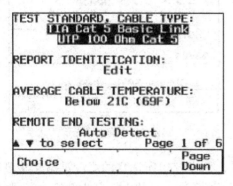

图 5-6　设置菜单首页

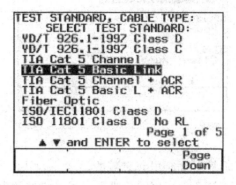

图 5-7　测试标准和电缆选择菜单

选择测试标准和电缆类型按如下步骤操作：

① 旋钮开关转至 SETUP 的位置。

② 由于该选项位于该菜单的第一位，按 ⒈ （Choice）或 ENTER 即可进入该选项菜单。

③ 用 ▽ △ 突出显示所需要的测试标准。

④ 按 ENTER 确认突出显示的标准。测试仪将显示该标准所确定的电缆类型。

⑤ 用 ▽ △ 选择你需要的电缆类型，然后按 ENTER 。

如果选择了屏蔽电缆类型，可以在设置屏幕中使能或关闭屏蔽层连通性的测试。

可以测试 NEXT、衰减和 ACR 至 100 MHz 或 155 MHz。因为没有工业标准适用于 100 MHz 以上的电缆，所以没有测量的测试限。

● 编辑报告识别信息。

当做完各项测试后，很多时候都需要做一个测试报告来汇报测试结果，在做报告之前，应当对所做报告的一些信息进行设置。报告识别信息包括：客户名、测试人、测试地点。

编辑报告识别信息按如下步骤操作：

① 旋钮开关转至 SETUP 的位置。

② 用 ▽ 突出显示编辑报告识别信息项。

③ 按 ⒈ （Choice）或 ENTER 键进入该项目，如图 5-8 所示。

④ 按上下方向键选择编辑项目，按 ENTER 键进入编辑器，如图 5-9 所示。

⑤ 上下左右移动光标选择数字、字母和符号，按 ENTER 键输入。

⑥ 输入完毕后按 SAVE 键存储信息到列表中。

⑦ 上下方向键移动光标选中所存信息后按 ENTER 键确认。

● 选择电缆平均温度。

某些标准需要为所测试的电缆选择一个平均温度。当旋钮开关转至 AUTOTEST 位置时，所选择的温度会出现在屏幕上。如果所选的标准没有温度的限制，将显示 N/A；如果所选的标准有温度要求，测试仪将以21℃（69℉）为默认值作为电缆的平均温度。

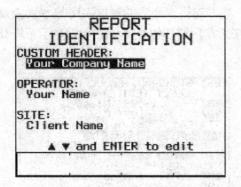

图 5-8 编辑报告识别信息菜单显示

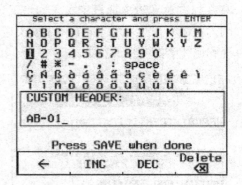

图 5-9 编辑器显示

温度升高会引起衰减的增加。为补偿该增量，测试仪用所选择的温度调整衰减测试界限。为避免出现可能的错误结果（将好的电缆判为不合格，坏的电缆判为合格），选择的温度应最接近于电缆的平均温度。

选择电缆的平均温度按如下步骤操作：

① 旋钮开关转至 SETUP 位置。

② 用 ⬇ 突出显示电缆平均温度。

③ 按 1 Choice 或 ENTER 键进入该项目，如图 5-10 所示。

④ 用 ⬇ ⬆ 突出显示你所需要的温度范围。

⑤ 按 ENTER 确认突出显示的温度范围，如图 5-11 所示。

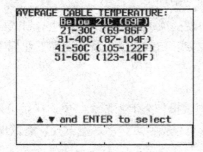

图 5-10 温度设置菜单图

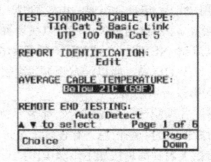

图 5-11 设置菜单中的温度选项

● 设置远端测试。

一些项目测试时需要使用远端器，在测试这些项目之前，需要对远端测试进行设置。远端测试设置菜单如图 5-12 所示。

远端测试设置按如下步骤操作：

① 旋钮开关转至 SETUP 的位置。

② 用 ⬇ 突出显示远端测试状态。

③ 按 1 Choice。

④ 用 ⬆ 突出显示 Enable 或 Auto detect，然后按 ENTER 确认（建议设置为"Auto Detect"）。

● 设置自动增加电缆识别号码。

设置电缆识别号码，可以方便每次自动增加要存储的自动测试结果。其设置按如下步骤操作：

① 旋钮开关转至 SETUP 的位置。

② 按 [4] Page Down 键向下翻一页（第 2 页）。

③ 按上下方向键移动光标选中"AUTO INCREMENT"项，按 [1] （Choice）或 [ENTER] 键进入该编辑项目，如图 5-13 所示。

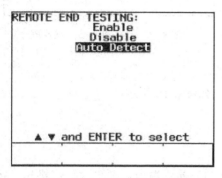
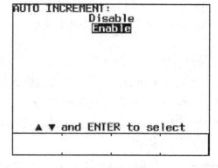

图 5-12　远端测试设置菜单　　　　图 5-13　自动增加电缆识别号码设置菜单

④ 上下方向键选择选项（建议使用"Enable"），然后按 [ENTER] 确认。

● 设置脉冲噪声电平值。

该选项用来设置监测外界脉冲噪声的门限值，调整范围从 100 mV 到 500 mV，其操作步骤如下：

① 旋钮开关转至 SETUP 的位置。

② 按 [4] Page Down 键向下翻一页（第 2 页）。

③ 用 [⊙] 突出显示"IMPULSE NOISE THERSHOLD"。

④ 按 [1] （Choice）或 [ENTER] 进入该选项，如图 5-14 所示。

⑤ 按上/下方向键或 [3] / [4] 键增加/减少数值（默认值为 270 mV），按 [ENTER] 键确认设置。

● 选择打印机类型。

仪器可连接串口打印机直接打印测试报告，可供选择的串口打印机有 HP、EPSON 串口打印机。选择打印机类型的操作步骤如下：

① 旋钮开关转至 SETUP 的位置。

② 按 [4] Page Down 键向下翻两页（第 3 页）。

③ 用 [⊙] 突出显示"Printer Type"。

④ 按 [1] （Choice）或 [ENTER] 进入该选项，如图 5-15 所示。

⑤ 用 [⊙] [⊙] 键选择选项，按 [ENTER] 键确认选项。

● 选择长度单位。

测试仪以米或英尺显示测量长度。要更改长度单位，按如下步骤操作：

① 旋钮开关转至 SETUP 的位置。

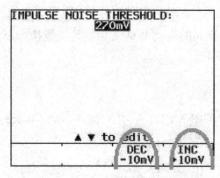

图 5-14 脉冲噪声电平值设置菜单

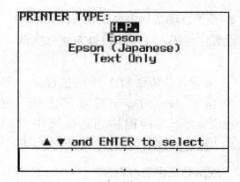

图 5-15 打印机类型选择菜单

② 按 ④ Page Down 键向下翻 4 页（第 5 页）。

③ 按 ① （Choice）或 ENTER 进入该选项，如图 5-16 所示。

④ 用 ▼ ▲ 突出显示所需的单位。

⑤ 按 ENTER 确认突出显示的长度单位。

● 设置数值格式。

测试仪用点分隔符（0.00）或逗号分隔符（0,00）显示数值。要更改数值格式，按如下步骤操作：

① 旋钮开关转至 SETUP 的位置。

② 按 ④ Page Down 键向下翻 4 页（第 5 页）。

③ 用 ▼ 突出显示数值格式选项。

④ 按 ① （Choice）或 ENTER 进入该选项，如图 5-17 所示。

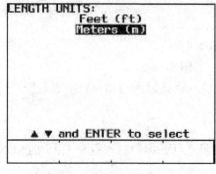

图 5-16 长度单位选择菜单

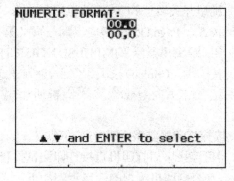

图 5-17 数值格式设置菜单

⑤ 用 ▼ ▲ 突出显示所需的格式。

⑥ 按 ENTER 确认突出显示的数值格式。

● 用户自定义电缆。

此设置用于根据用户的电缆配置来修改测试标准，DSP-100 最多可以定义 4 种电缆。其操作步骤如下：

① 按钮开关转至 SETUP 的位置。

② 按 ④ Page Down 键向下翻 5 页（第 6 页）。

③ 按 ⊙ 突出显示 "CONFIGURE CUSTOM CABLE" 选项。

④ 按 ① （Choice）或 [ENTER] 进入该选项，如图 5-18 所示。

⑤ 用 ⊙ ⊛ 选择选项。

⑥ 按 [ENTER] 确认并进入用户自定义电缆菜单。

● 选择最大测试频率。

DSP-100 的最大测试频率可达 155 MHz，而国际标准要求的测试频率范围只到 100 MHz，所以 DSP-100 的频率测试范围完全满足测试要求。其操作步骤如下：

① 按钮开关转至 SETUP 的位置。

② 按 ④ Page Down 键向下翻 5 页（第 6 页）。

③ 按 ⊙ 突出显示 "MAXIMUM FREQUENCY" 选项。

④ 按 ① （Choice）或 [ENTER] 进入该选项，如图 5-19 所示。

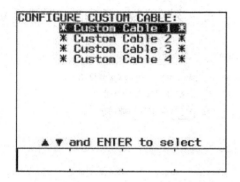

图 5-18 自定义电缆菜单

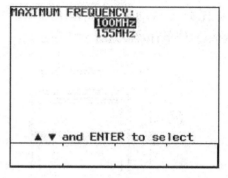

图 5-19 最大测试频率选择菜单

⑤ 用 ⊙ ⊛ 选择选项。

⑥ 按 [ENTER] 确认。

● 选择导管设置。

某些标准需要指出电缆是否安装于导管内。如果所选标准要求设置导管时，当旋钮开关转至自动测试时，当前的设置（yes 或 no）将出现在屏幕上。如果所选测试标准没有导管设置的要求，则显示 N/A。

金属导管会使电缆的衰减略有增大。为了补偿所引起的增加值，当导管设置选择了 "yes" 时衰减的测试界限会相应。增加更改导管设置，按如下步骤操作：

① 旋钮开关转至 SETUP 的位置。

② 按 ④ Page Down 键向下翻 5 页（第 6 页），如图 5-20 所示。

③ 用 ⊙ 突出显示导管设置选项。

④ 按 ① （Choice）或 [ENTER] 进入该选项。

⑤ 用 ⊙ ⊛ 突出显示所需的设置。

⑥ 按 [ENTER] 确认突出显示的设置。

以上就是对所有设置选项的具体操作步骤的介绍。下面将对仪器的特殊功能（SPECIAL FUNCTIONS）进行介绍。

将仪器的旋钮开关转至 "SPECIAL FUNCTIONS" 位置，即可对仪器进行特殊功能设置。DSP-100 包括如下特殊功能：

① 查看/删除存储器中的报告。

② 删除所有测试报告

③ 确定电缆的 NVP 值，从而保证电缆长度和电阻测量的最好精度。

④ 查看测试仪和智能远端器中镍镉（Ni-Cd）充电电池的状态。

⑤ 运行自校正，检查测试仪和远端器是否可以正常工作。

⑥ 自检。

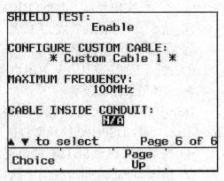

图 5-20　设置菜单的第 6 页

3．Fluke DSP-100 自动测试功能

首先介绍自动测试中用到的各功能键。以下功能键对应的作用只在自动测试（Autotest）屏幕有效，如图 5-21 所示。

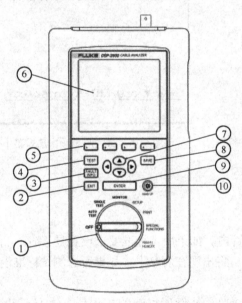

①：旋钮开关。可选择测试仪的工作模式，离开 OFF 即为开机。

②：`EXIT` 可退出当前屏幕。

图 5-21　Fluke DSP-100 前面板

● `1` 或 `2` View Result：`1` 显示上次自动测试的结果，在第一个自动测试屏幕有效。`2` 显示突出显示的电缆或绕对的详细测试结果。在 NEXT、衰减、ACR、RL 和 PSNEXT 测试的第一个屏幕有效。

● `2` View Plot：查看测试结果的频率响应。在 NEXT、RL、ACR、衰减和 PSNEXT 测试的第一个屏幕和结果屏幕有效。

● `2` Next Pairs：查看下条电缆或绕对的详细测试结果或曲线。在 NEXT、衰减、ACR 和 RL 测试的结果或曲线屏幕有效。

● `1` 155 MHz：查看最高为 155 MHz 的 NEXT、ACR 或衰减的曲线。只有在 SETUP 模式中将频率选择设为 155 MHz 时该键才有效。

屏蔽双绞电缆和非屏蔽双绞电缆的自动测试是相同的。选择屏蔽双绞电缆测试并在设置中使能进行屏蔽层测试，测试仪还会测试屏蔽层的连通性。

图 5-22 为双绞线自动测试的连接图。在测试时，如果条件不具备，也可以不像图中那样，在待测电缆的两头用长为 2 m 的标准电缆连接测试仪和远端器，而是用待测电缆直接连接测试仪和远端器。

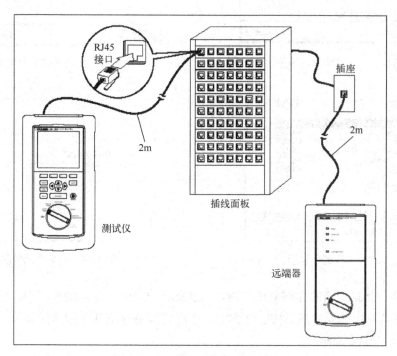

图 5-22　双绞线自动测试的连接图

运行双绞电缆自动测试并按如下步骤操作：

● 如果使用一台 DSP-100 作为远端器，将其旋钮开关转至 SMART REMOTE 的位置。
　如果使用的是智能远端器，将旋钮转至 ON 的位置。

● 使用阻抗正确的 2 m 长接线电缆将被测电缆的远端和远端器连接起来。

● 主机旋钮开关转至 AUTOTEST 的位置。

● 检查显示的设置是否正确，如图 5-23 所示，这些设置可在 SETUP 模式中更改。

● 按 TEST 启动自动测试。

当上次自动测试的结果没有存储时，按 TEST 测试仪会显示警告的提示信息。此时可以按 SAVE 存储上次测试的结果或按 TEST 删除上次测试结果并开始新的自动测试。

如果未连接远端器，测试仪将显示 SCANNING FOR REMOTE，且不运行自动测试直至连接好远端器。

双绞电缆自动测试结果如图 5-24 所示，按 1 键查看详细信息（见图 5-25），按 4 键检查仪器内数据存储情况（见图 5-26）。

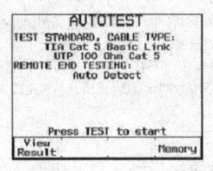

图 5-23 自动测试屏幕显示

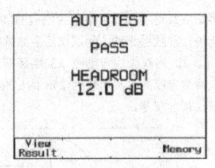

图 5-24 自动测试结果显示

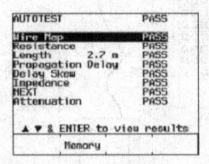

图 5-25 详细菜单显示

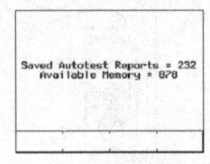

图 5-26 数据存储情况

要查看每一个测试项的详细测试结果，可在如图 5-25 所显示的屏幕中，用 ⊙ ⊙ 突出显示自动测试菜单中的项目然后按 ⌊ENTER⌋ 。下面将详细介绍各个测试结果。

● 接线图（Wire Map）

接线图测试并显示所有 4 对线远端和近端的连接情况。如果选用了屏蔽电缆并在 SETUP 模式中设屏蔽测试为有效，则还要进行屏蔽层连通性测试。被测试的绕对是由所选的测试标准决定的，表 5-3 显示了接线的例子。

表 5-3 接线图显示

接线情况	显 示	示意图 （只影响显示的绕对）	说 明
正确连接 （上一行表示近端接头）	WIRE MAP RJ45 PIN: 1 2 3 4 5 6 7 8 S RJ45 PIN: 1 2 3 4 5 6 7 8 S PASS	1 ——— 1 2 ——— 2 3 ——— 3 6 ——— 6 4 ——— 4 5 ——— 5 7 ——— 7 8 ——— 8	电缆连接正确。屏蔽符号（S）只在所选标准需要时显示
交叉	WIRE MAP RJ45 PIN: 1 2 3 4 5 6 7 8 S RJ45 PIN: 1 3 2 4 5 6 7 8 S FAIL	1 ——— 1 2 ╲╱ 2 3 ╱╲ 3 6 ——— 6	1，2 对和 3，6 对中的线交叉。接线不能形成可识别的电路

接线情况	显　示	示意图 （只影响显示的绕对）	说　明
反接	WIRE MAP RJ45 PIN: 1 2 3 4 5 6 7 8 S 　　　　　X X | | | | | | | RJ45 PIN: 2 1 3 4 5 6 7 8 S FAIL	1 ⤬ 1 2 　 2	线 1 和 2 交叉
错对	WIRE MAP RJ45 PIN: 1 2 3 4 5 6 7 8 S 　　　　　X X X | | X | | | RJ45 PIN: 3 6 1 4 5 2 7 8 S FAIL	1 　 1 2 　 2 3 　 3 6 　 6	绕对 1，2 和 3，6 交叉
短路	WIRE MAP RJ45 PIN: 1 2 3 4 5 6 7 8 S 　　　　　s | s | | | | | | RJ45 PIN: 1 2 3 4 5 6 7 8 S FAIL	1 　 1 2 　 2 3 　 3 6 　 6	线 1 和 3 短路，可以用 TDR 测试来找出短路位置
开路	WIRE MAP RJ45 PIN: 1 2 3 4 5 6 7 8 S 　　　　　o | | | | | | | | RJ45 PIN: 　 2 3 4 5 6 7 8 S FAIL	1 　 1 2 　 2	线 1 开路，可以用 TDR 测试 来找出开路位置
串扰	WIRE MAP RJ45 PIN: 1 2 3 4 5 6 7 8 S RJ45 PIN: 1 2 3 4 5 6 7 8 FAIL Split pairs detected: 1,2-3,6	1 　 1 2 　 2 3 　 3 6 　 6	绕对 1，2 中的线与绕对 3，6 相串接，可以用 TDX 分析来找 出串扰的位置

如果接线图测试通过，自动测试继续进行。自动测试结束后可查看接线图的测试结果。如果接线图测试失败，自动测试则停止，接线图屏幕出现并出现 FAIL。用户可以按 SAVE 来存储接线图测试结果。若要继续自动测试，按 4 Continue Test。

● 电阻（Resistance）

电阻测试是测量每对线的直流环路电阻。测试结果显示每对电缆的电阻、测试限、通过/失败的信息。PASS 意味着测量电阻小于测试限，FAIL 意味着测量电阻大于测试限。

● 长度（Length）

长度测试是测量每对线的长度。自动测试屏幕显示具有最短电子延迟的绕对电缆的长度。长度用米或英尺显示。测试结果屏幕显示每对电缆的长度、测试限、合格/不合格。在 SETUP 模式中可更改长度单位，参见第 2 节"选择长度单位"部分。PASS 表示测量的长度在所选标准规定的测试限内，FAIL 表示测量的长度超过了测试限。

● 传输延迟和延迟偏离（Propagation Delay and Delay Skew）

传输延迟是测试脉冲沿每对电缆传输的时间（ns）。延迟偏离是最短的延迟绕对的传输延迟（以 0 ns 表示）和其他绕对间的差别。如果所选测试标准有要求，则测试结果显示传输延迟和延迟偏离的测试限。如果不要求此项目，则总是显示 PASS。

● 特性阻抗（Impedance）

特性阻抗测量确定了每对电缆近似的特性阻抗。阻抗测量要求电缆长度不能短于 5 m（16 ft）。如果电缆短于该长度则总是显示合格。PASS（合格）表示测量的阻抗在所选标准所规定的测试限内，FAIL（不合格）表示测量的阻抗超过了测试限或发现了阻抗异常。

Warning（警告）表示测量的结果超过了测试限，但该项测试在所选的标准中不要求。警告的结果会在综合的报告中出现。

如果在测试中发现阻抗异常，则显示异常的距离（米或英尺）并显示测量的结果为FAIL。如果信号反射超过 15%，则测试仪报告阻抗异常。如果检测到的阻抗异常点不止一个，将显示异常最大点的距离。用户可以用 TDR 测试绘出电缆中阻抗异常点的位置和大小的曲线。

● 近端串扰（NEXT）测试

NEXT 测试是测量电缆绕对之间的串扰。该数值是信号和串扰之间幅度的差别，以分贝表示。NEXT 是根据所选标准在某个频率范围在主机端进行测量的。如果 NEXT 失败，用户可以用 TDX 分析来查找串扰源的位置。

第一个 NEXT 屏幕显示测试的绕对、最坏情况的 NEXT 余量和每对电缆的测量结果，如图 5-27 所示。要查看某电缆绕对测量的详细结果，用 ⊙ ⊚ 突出显示此绕对，然后按 ②View Result 查看数据结果，如图 5-28 所示；按 ③ 查看曲线图，如图 5-29 所示。表 5-4 说明了屏幕中各项目的意义。

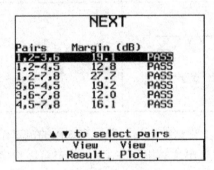

图 5-27 近端串扰测试总结果

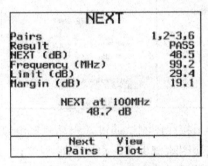

图 5-28 线对间近端串扰测试详细结果

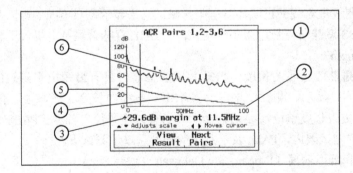

图 5-29 NEXT 曲线屏幕显示

● 远端 NEXT 的结果（NEXT@REMOTE）

远端的 NEXT 测试（NEXT@REMOTE）和测试结果与上面所介绍的 NEXT 测试是完全

118

一样的，只是测量是在远端进行并将结果传至主机。

表 5-4　NEXT 曲线显示项目

项　目	说　明
①	曲线相对应的电缆对
②	NEXT 测试的频率范围（MHz）
③	测试限和光标所在位置 NEXT 的测量值之差（余量）。用◁▷左右移动光标。如果光标移动超出所选标准规定的频率范围，显示的读数是光标位置的测量值
④	NEXT 测试限，由所选标准所规定。如果测试限只定义了一个频率则显示一个十字
⑤	NEXT 的分贝值
⑥	电缆对测量的 NEXT

● 衰减（ATTENUATION）

衰减测试是测量信号在电缆中的损耗。

第一个衰减结果屏幕显示测试的电缆绕对、最坏情况的衰减余量并显示每对电缆的测试结果是 PASS 或 FAIL，如图 5-30 所示。要查看每对电缆的详细测试结果，可用 ⊙ ⊙ 突出显示此绕对，然后按 ② View Result 查看数据结果，如图 5-31 所示；按 ③ 查看曲线图，如图 5-32 所示。表 5-5 说明了屏幕中各项目的意义。

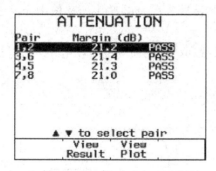

图 5-30　各线对衰减测试总结果

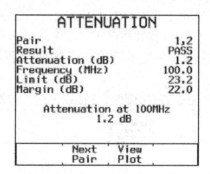

图 5-31　线对衰减测试详细结果

表 5-5　衰减曲线屏幕的项目

项　目	说　明
①	对应的电缆绕对
②	衰减测试的频率范围（MHz）
③	余量是测试限和光标所在位置的衰减值的差。用◁▷左右移动光标。如果光标移动超出所选标准规定的频率范围，显示的读数是光标位置的衰减值
④	测量到的绕对衰减值
⑤	衰减测试限，由所选标准所规定。如果测试限只定义了一个频率则显示一个十字
⑥	衰减分贝值

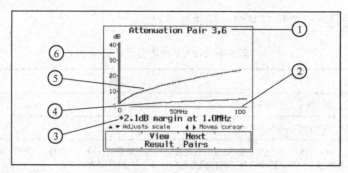

图 5-32   衰减测试曲线图

三、光纤网络的测试

与双绞线网络相同，光纤网络的测试工作主要也是围绕着使用测试设备对进行测试。由于光纤介质的特殊性，其测试工作只能用专业设备完成，下面介绍一下光纤网络的测试技术。

进行光纤测试需要下面的软硬件配置：

① 一台 Fluke DSP-FOM 表；

② 一个多模光源，例如包含在 Fluke DSP-FTK（光纤测试工具包）中的光纤；

③ 两个光纤接缆；

④ Fluke One Touch 10/100 Mbit/s 以太网测试仪（以下简称 One Touch）。

为了确保光纤测量的准确，在测试之前应清洁所有的光纤插头，在使用光源之前打开它，等待 2 min，使其稳定。

在测量光纤的光损耗之前，请测量光纤插接缆和插头的损耗进而设定一个参考标准，方法如下：

① 如图 5-33 所示进行连接，使用于被测光纤类型相同的光缆。

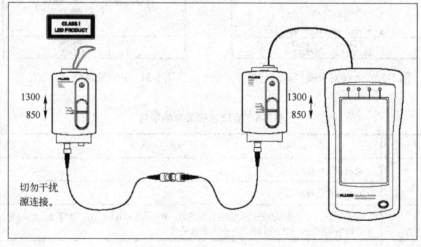

图 5-33   设定参考电平的连接

② 在网络助手最上层的显示屏上（见图 5-34），触摸 ▦（自动测试），网络助手将检测光纤表和光纤表的波长设置并显示光纤测试结果。

在网络助手光纤测试显示屏上触摸 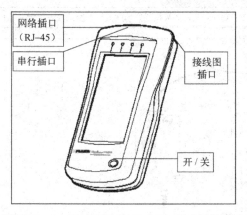（参考值设定）。设定一个参考标准后，请勿在测量光损耗连接时触摸连接来源，如图 5-35 所示。如果光纤测试尚未开始，在顶层显示屏幕，如图 5-34 所示，触摸 （自动测试）即可开启测试。

网络插口
（RJ–45）

串行插口

接线图插口

开 / 关

图 5-34　One Touch 10/100 Mbit/s 以太网测试仪

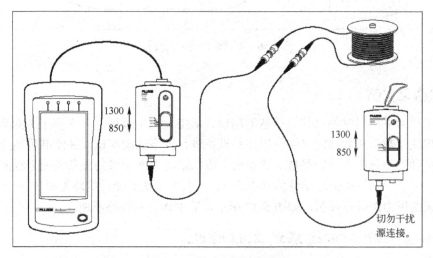

1300
850

1300
850

切勿干扰源连接。

图 5-35　测试光损耗的连接

要想进行输出功率测量，则先按照如图 5-36 进行连接，如光纤测试尚未开始，在顶层显示器屏幕（见图 5-34）上触摸 （自动测试）可开启测试。输出功率、光功率损耗和当前参考电平以微瓦（μW）和分贝（dBm 或 dB）表示。功率和损耗测量被连续更新。表 5-6 定义了光纤测试中的术语。

表 5-6　光纤测试使用术语

术　　语	定　　义
参考值	在已知的参考电缆上测得的功率
功率	以毫瓦和 dBm 计的被测功率。所谓 dBm 就是被测功率对一毫瓦的比率。网络助手计算 dBm 所使用的公式为： 功率(dBm)=10×log×功率(mW)

术 语	定 义
损耗	被测电缆的功率损耗量 损耗=参考值-被测功率
损耗极限	容许的功率损耗，如果损耗超出此值，则测试报告指示 FALL。否则测试报告指示 PASS

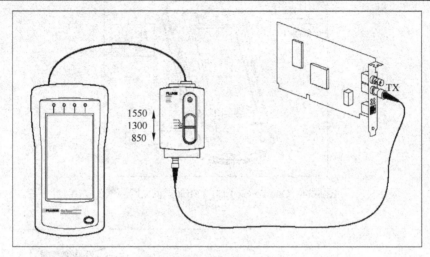

图 5-36　测试输出功率的连接

四、测试结果实例

通过了解常见的几种网络测试设备的用途、类型及应用领域，并掌握了专业测试设备的各种重要相关参数，读者已经能够使用相关设备进行网络性能测试，并能准确地给出测试的数据。信息学院信息中心（2 号楼）的布线工程均采用上面所讲的设备完成工程测试，由于测试数据过多，下面仅以信息学院信息中心（2 号楼）5 楼的光纤线路使用 One Touch 完成的一组测试结果为例进行说明，如图 5-37 所示，其中★表示线路不通。

 任务 2　综合布线系统工程验收

一、任务引入

完成系统测试任务后，就进入整个工程的验收阶段。工程验收能全面考核工程的建设水平，检验设计和施工质量，是施工方向建设方移交的正式手续，也是用户对工程的认可。因此，做好工程验收工作即相当于为整个布线工程画上了一个完美的句号，其重要性是毋庸置疑的。以信息学院信息中心（2 号楼）的布线工程为例，本阶段的具体任务为：

（1）验收的相关技术标准及规范。

（2）验收的内容、方法、步骤。

二、任务分析

信息学院信息中心（2 号楼）的工程验收是一项系统性的工作，楼宇在工程验收的类型上虽然不多，只有双绞线和光纤两种，但是由于工程质量要求较高且线路铺设量较大，因此整个工程验收的过程还是比较复杂的。同时作为一个完整的工程项目的验收，它不仅包含前面所述的链路连通性、电气和物理特性测试，还包括对施工环境、工程器材、设备安装、线缆敷设、缆线终接、竣工技术文档等的验收。验收工作贯穿于整个综合布线工程中，包括施工前检查、随工检验、初步验收、竣工验收等几个阶段，对每一阶段都有其特定的内容。为很好地完成验收工作，需要了解相关知识。

信息学院光纤测试数据报告单

2#楼5楼509教室

光纤位置号	衰减数据	光纤位置号	衰减数据
5FG1-1 ✓	16.5	5FG2-1	15.8
5FG1-2 ✓	14.4	5FG2-2	14.0
5FG1-3	14.9	5FG2-3	15.1
5FG1-4	13.8	5FG2-4	14.1
5FG1-5	14.6	5FG2-5	14.0
5FG1-6	13.8	5FG2-6	14.0

2#楼5楼教师机房

光纤位置号	衰减数据	光纤位置号	衰减数据
5FG3-1蓝 ✓	15.8	5FG4-1	13.9
5FG3-2橙 ✓	15.6	5FG4-2	13.7
5FG3-3	13.7	5FG4-3	14.1
5FG3-4	13.8	5FG4-4	13.7
5FG3-5	13.6	5FG4-5	14.1
5FG3-6	13.9	5FG4-6	14.3

2#楼5楼主任办公室

光纤位置号	衰减数据	光纤位置号	衰减数据
5FG5-1 ✓	14.8	5FG6-1	14.4
5FG5-2 ✓	14.4	5FG6-2	14.4
5FG5-3	14.2	5FG6-3	14.9
5FG5-4	14.7	5FG6-4	15.0
5FG5-5	14.9	5FG6-5	13.9
5FG5-6	14.1	5FG6-6	不通★

2#楼5楼505教室

光纤位置号	衰减数据	光纤位置号	衰减数据
5FG7-1 ✓	15.2	5FG8-1	14.5
5FG7-2 ✓	14.6	5FG8-2	14.8
5FG7-3	14.9	5FG8-3	14.9
5FG7-4	14.9	5FG8-4	33.0★
5FG7-5	14.4	5FG8-5	14.0
5FG7-6	14.7	5FG8-6	15.0

2#楼5楼504教室

光纤位置号	衰减数据	光纤位置号	衰减数据
5FG9-1 ✓	14.1	5FG10-1	14.0
5FG9-2 ✓	13.9	5FG10-2	13.5
5FG9-3	14.0	5FG10-3	13.9
5FG9-4	13.7	5FG10-4	14.4
5FG9-5	13.6	5FG10-5	13.6
5FG9-6	13.5	5FG10-6	13.9

2#楼5楼503教室

光纤位置号	衰减数据	光纤位置号	衰减数据
5FG11-1 ✓	14.1	5FG12-1	13.7
5FG11-2 ✓	13.9	5FG12-2	25.0★
5FG11-3	14.3	5FG12-3	14.2
5FG11-4	14.0	5FG12-4	14.6
5FG11-5	13.7	5FG12-5	14.8
5FG11-6	14.2	5FG12-6	13.9

图 5-37　信息学院信息中心（2 号楼）5 楼的光纤测试结果

✏ **知识链接——工程验收**

5.2.1　工程验收相关标准

工程验收主要以《建筑与建筑群综合布线系统工程验收规范》（GB/T50312—2000）作为技术验收标准。由于综合布线工程是一项系统工程，不同的项目会涉及其他一些技术标准。

- 《大楼综合布线总规范》（YD/T 926.1—2009）
- 《综合布线系统电气特性通用测试方法》（YD/T1013—1999）
- 《数字通信用实心聚烯烃绝缘水平对绞电缆》（YD/T1019—2000）
- 《本地网通信线路工程验收规范》（YD5051-1997）
- 《通信管道工程施工及验收技术规范（修订本）》（YDJ39—1997）

由于综合布线技术日新月异，技术规范内容在不断进行修订和补充，因此在验收时，应注意使用最新版本的技术标准。

5.2.2 工程验收的具体内容

1. 随工验收

首先需要说明的是验收工作并不是必须在工程结束后才能进行，有些验收内容必须在施工过程中进行验收，如隐蔽工程、隧道布线等，这就是随工验收。现将网络综合布线系统在施工过程中进行的验收归纳如下：

（1）布线安装前需要检查的事项。

① 环境要求：地面、墙面、天花板内、电源插座、信息模块座、接地装置等要素的设计与要求；设备间、管理间的设计；竖井、线槽、打洞位置的要求；施工队伍以及施工设备；活动地板的铺设。

② 施工材料的检查：双绞线、光缆是否按方案规定的要求购买；塑料槽管、金属槽是否按方案规定的要求购买；机房设备如机柜、集线器、接线面板是否按方案规定的要求购买；信息模块、座、盖是否按方案规定的要求购买。

③ 安全、防火要求：器材是否靠近火源；器材堆放是否做到了安全防盗；发生火情时能否及时提供消防设施。

（2）检查设备安装。

在机柜安装时要检查机柜安装的位置是否正确；规格、型号、外观是否符合要求；跳线制作是否规范；信息插座、盖的安装是否平、直、正；信息插座、盖是否用螺钉拧紧；标志是否齐全。

（3）双绞线电缆和光缆安装。

① 桥架和线槽安装。检查是否正确；安装是否符合要求；接地是否正确。

② 电缆布放。电缆规格、路由是否正确；对电缆的标号是否正确；电缆拐弯处是否符合规范；竖井的线槽、线固定是否牢靠；是否存在裸线；竖井层与楼层之间是否采取了防火措施。

（4）室外光缆的布线。

① 架空布线检查：主要检查架设竖杆位置是否正确；卡挂钩的间隔是否符合要求；吊线规格、垂度、高度是否符合要求。

② 管道布线检查：主要检查使用管孔的尺寸和位置是否合适；电缆规格、电缆走向路由以及防护设施是否符合规范。

③ 挖沟布线（直埋）：主要检查光缆规格；铺设位置、深度；是否加了防护铁管；回填土是否夯实。

④ 隧道电缆布线：主要检查电缆规格；安装位置、路由设计是否符合规范。

（5）电缆终端安装。

信息插座是否符合规范；配线架压线是否符合规范；光纤头制作是否符合要求；光纤插座是否符合规范；各类布线是否符合规范。

以上均应在施工过程中由检验人员进行随工检查验收，填好随工验收报告，发现不合格的地方，做到随时返工，随时解决问题。

2. 现场验收

作为网络综合布线系统，在现场验收有以下几个主要验收要点。

（1）工作区子系统验收。

对于众多的工作区不可能逐一验收，通常是由甲方抽样挑选工作区进行。验收的重点如下所述：

① 线槽走向、布线是否美观大方，符合规范。

② 信息插座是否按规范进行安装。

③ 信息插座安装是否做到一样高、平、牢固。

④ 信息面板是否都固定牢靠。

（2）配线子系统验收。

对于配线子系统，主要验收点为：

① 线槽安装是否符合规范。

② 线槽与线槽、线槽与槽盖是否接合良好。

③ 托架、吊杆是否安装牢固。

④ 配线子系统缆线与干线、工作区交接处是否出现裸线。

⑤ 配线子系统干线槽内的缆线是否固定好。

（3）干线子系统验收。

干线子系统的验收除了类似配线子系统的验收内容外，重点要检查建筑物楼层与楼层之间的洞口是否封闭，以防出现火灾时成为一个隐患点。还要检查缆线是否按间隔要求固定，拐弯缆线是否符合最小弯曲半径要求等。

（4）管理、设备间子系统验收。

主要检查设备安装是否规范整洁，各种管理标识是否明晰。

（5）文档验收。

技术文档、资料是布线工程验收的重要组成部分。完整的技术文档包括电缆的标号、信息插座的标号、交接间配线电缆与干线电缆的跳接关系、配线架与交换机端口的对应关系。有条件时，应建立电子文档形式，便于以后维护管理使用。

为了便于工程验收和管理使用，施工单位应编制工程竣工技术文件，按协议或合同规定的要求交付所需要的文档。信息楼2号楼的工程竣工技术文件主要包括以下几个方面。

① 竣工图纸：包括总体设计图、施工设计图，还包括配线架、色场区的配置图、色场图、配线架布放位置的详场图、配线表、信息点位布置竣工图等。

② 工程核算书：综合布线系统工程的施工安装工程量核算，如干线布线的缆线规格和长度、楼层配线架的规格和数量等。

③ 器件明细表：将整个布线工程中所用的设备、配线架、机柜和主要部件分别统计，清晰地列出其型号、规格和数量，并列出网络接续设备、主要器件明细表。

④ 测试记录：布线工程中各项技术指标和技术要求的随工验收、测试记录，如缆线的主要电气性能、光纤光缆的光学传输特性等测试数据。

⑤ 隐蔽工程：直埋缆线或地下缆线管道等隐蔽工程经工程监理人员认可的签证；设备安装和缆线敷设工序告一段落时，经常驻工地代表或工程监理人员随工检查后的证明等原始记录。

⑥ 设计更改情况：在布线施工中有少量修改时，可利用原布线工程设计图进行更改补充，不需再重作布线竣工图纸，但对布线施工中改动较大的部分，则应另作竣工图纸。

⑦ 施工说明：在布线施工中一些重要部位或关键网段的布线施工说明，如建筑群配线架和建筑物配线架合用时，它们连接端子的分区和容量等。

⑧ 软件文档：在综合布线系统工程中，如采用计算机辅助设计时，应提供程序设计说明及有关数据、操作使用说明、用户手册等文档资料。

⑨ 会议、洽谈记录：在布线施工过程中，由于各种客观因素变更或修改原有设计或采取相关技术措施时，应提供设计、建设和施工等单位之间对于这些变动情况的洽谈记录，以及布线施工中的检查记录等资料。

总之，布线竣工技术文件和相关文档资料应内容齐全、真实可靠、数据准确无误，语言通顺，层次条理，文件外观整洁，图表内容清晰，不应有互相矛盾、彼此脱节、错误和遗漏等现象。

任务实施——案例工程系统验收

根据信息学院信息中心（2号楼）的工程验收任务要求，通过相关知识的学习，读者明确了验收的有关标准，知道了验收的各项内容，因为验收内容较多，下面仅以3楼线缆验收（如表5-7所示）和3楼设备间验收（如表5-8所示）为例予以说明。

一、线缆验收

表5-7　3楼线缆验收记录表

综合布线系统性能检测分项工程质量验收记录表（Ⅰ）

编号：表C.0.1-0903

单位（子单位）工程名称	信息学院网络综合布线工程		子分部工程	综合布线系统
分项工程名称	系统性能检测		验收部位	2#-3层
施工单位	XX科技有限公司		项目经理	XXX
施工执行标准名称及编号	建筑电气工程施工质量验收规范 GB/T50312			
分包单位	XX科技有限公司		分包项目经理	
检测项目（主控项目） （执行本规范第9.3.4条的规定）			检查评定记录	备注
1	工程电气性能检测	连接图	符合要求	执行GB/T50312 8.0.2条的规定
		长度	符合要求	
		衰减	符合要求	
		近端串音（两段）	符合要求	
		其他特殊规定的测试内容	符合要求	
2	光纤特性检测	连通性	符合要求	
		衰减	符合要求	
		长度	符合要求	

检测意见：

经检测，符合建筑电气工程施工质量验收规范 GB/T50312 规范验收要求。

监理工程师签字		检测机构负责人签字	
（建设单位项目专业技术负责人）			
日 期	XXXX年XX月XX日	日 期	XXXX年XX月XX日

二、设备间验收

表 5-8 3 楼设备间验收记录表

综合布线系统安装分项工程质量验收记录表

			编号：***
单位（子单位）工程名称	信息学院网络综合布线工程	子分部工程	综合布线系统
分项工程名称	系统安装质量检测	验收部位	3-5层
施工单位	xx科技有限公司	项目经理	xxx
施工执行标准名称及编号	建筑电气工程施工质量验收规范 GB/T50312		
分包单位	xx科技有限公司	分包项目经理	

检测项目（一般项目） （执行本规范第9.2.5～9.2.9条的规定）			检查评定记录	备注
1	缆线终接		符合要求	执行GB/T50312中第6.0.2条的规定。
2	各类跳线的终接		符合要求	执行GB/T50312中第6.0.4条的规定。
3	机柜、机架、配线架的安装	符合规定	符合要求	执行GB/T50312中第4.0.1条的规定。
		设备底座	符合要求	
		预留空间	符合要求	
		紧固状况	符合要求	
		距地面距离	符合要求	
		与桥架线槽连接	符合要求	

		接线端子标志	符合要求	
4	信息插座的安装		符合要求	执行GB/T50312中第4.0.3条的规定。

检测意见：	
经检测，符合建筑电气工程施工质量验收规范 GB/T50312 规范验收要求。	
监理工程师签字 （建设单位项目专业技术负责人）	检测机构负责人签字
日　期	xxxx年x月x日	日　期	xxxx年x月x日

☯ 同步训练

一、思考练习

（1）简述 DSP-100 的测试步骤。

（2）综合布线验收的技术标准是什么？

（3）如何组织一次竣工验收？

二、实训

实训一

1．实训题目

DSP-100 的使用——设置。

2．实训目的

通过本实验，学会根据实际需要，对 DSP-100 各个设置项目进行正确设置。

3．实训内容

利用所给器材完成电缆测试。

实验器材：

● DSP-100 主机一台。

● 智能/标准远端器一台。

● 15 cm 和 2 m 的标准 RJ45 直接接线电缆各一根。

4．实训方法

测试仪验机——自校正。

在出厂前，每一台测试仪都与在同一个包装中的远端器进行过校正。如果要将测试仪与其他的远端器一起使用，就必须进行自校正，以便将新的远端器的校正参数记录下来。在标准远端器的电池更换后也必须重新进行校正（注意：在运行自校准之前，测试仪需要 1 min 的预热时间）。

自校正的操作步骤如下：

① 将旋钮开关转至_____。

② 上下键移动光标显示＿＿＿＿＿＿＿＿＿＿＿＿＿＿＿＿＿＿＿＿项，然后按 $\boxed{\text{ENTER}}$ 键进入。

③ 使用 15 cm 的短跳线连接主机（左侧 RJ45 端口）与智能/标准远端器，按＿＿＿＿＿＿＿＿＿＿＿＿开始校正。

校正结果显示为＿＿＿＿＿＿＿＿＿＿＿＿＿＿＿＿＿＿＿＿＿＿＿＿＿＿＿＿，说明自校正＿＿＿＿＿＿（成功/失败）。

如果自校正失败，请检查：测试仪主机与远端器连接是否正确；接线电缆是否断裂或损坏；主机和远端器的接口是否损坏。如果这些检查均正常而自校正仍然不成功，请立即向老师报告。

测试仪验机——自检

自检是检验测试仪和远端器是否正常工作。执行自检操作步骤如下：

① 旋钮开关转至＿＿＿＿＿＿＿＿＿＿＿＿＿＿＿＿＿＿＿＿＿＿＿＿。

② 上下键移动光标显示＿＿＿＿＿＿＿＿＿＿＿＿＿＿＿＿＿＿项，然后按 $\boxed{\text{ENTER}}$ 键进入。

③ 使用 2 m 的跳线连接主机（左侧 RJ45 端口）与智能/标准远端器，按＿＿＿＿＿＿＿＿＿＿＿＿开始自检。

自检结果显示为＿＿＿＿＿＿＿＿＿＿＿＿＿＿＿＿＿＿＿＿＿＿＿＿＿＿＿＿，说明自检＿＿＿＿＿＿＿＿（成功/失败）。

如果自检失败，请检查：测试仪主机与远端器连接是否正确；接线电缆是否断裂或损坏；主机和远端器的接口是否损坏。如果这些检查均正常而自检仍然不成功，请立即向老师报告（注意：如果所使用的远端器没有自校正而先自检的话，将会出现让你先自校正的提示，这时应当先自校正，然后再自检）。

测试仪参数设置——选择测试标准和电缆类型

在进行电缆测试之前，一般都要选择与被测电缆相符合的测试标准和电缆类型。下面先对一些常用标准和电缆类型作简单的介绍。如果想了解更多电缆知识请查看附录。

测试标准如下。

● 布线国际标准：TIA，ISO ……

● 国家标准：GBT50312

● 网络标准：100BASE-TX ……

电缆类型及特性阻抗如下。

● UTP（100 Ω）—非屏蔽双绞线

● ScTP（100 /120/150 Ω）—箔制屏蔽双绞线

选择测试标准和电缆类型的操作步骤如下：

① 旋转开关转至＿＿＿＿＿＿＿＿＿＿＿＿位置。

② 选择＿＿＿＿＿＿＿＿＿＿＿＿＿＿＿＿＿＿＿＿项，按 $\boxed{1}$（Choice）或 $\boxed{\text{ENTER}}$ 进入。

③ 用 $\boxed{\blacktriangledown}$ $\boxed{\blacktriangle}$ 突出显示你所需要的测试标准。

④ 按 $\boxed{\text{ENTER}}$ 确认突出显示的标准，测试仪将显示该标准所确定电缆类型。

⑤ 用 $\boxed{\blacktriangledown}$ $\boxed{\blacktriangle}$ 选择你需要的电缆类型，然后按 $\boxed{\text{ENTER}}$ 。

你所选择的测试标准为＿＿＿＿＿＿＿＿＿＿＿＿＿＿＿＿，所选择的电缆类型为＿＿＿＿＿＿＿＿＿＿＿＿＿＿＿＿＿＿＿（建议选择 100BASE-TX UTP 100 Ohm Cat5）。

填写你所设置的下面这些设置选项的设置结果（具体的操作步骤如有不明，详见仪器使用介绍部分）。

    ① 你所设置的编辑报告识别信息选项的客户名为＿＿＿＿＿＿＿＿＿＿，测试人为＿＿＿＿＿＿＿＿＿＿，测试地点为＿＿＿＿＿＿＿＿＿＿＿。

    ② 设置远端测试的结果为＿＿＿＿＿＿＿＿＿＿＿。

    ③ 设置自动增加电缆识别号码为＿＿＿＿＿＿＿＿＿。

    ④ 设置脉冲噪声电平为＿＿＿＿＿＿＿。

    ⑤ 长度单位设置为＿＿＿＿＿＿＿。

    ⑥ 数值格式设置为＿＿＿＿＿＿＿。

    ⑦ 显示和报告的语言设置为＿＿＿＿＿＿＿＿＿。

    ⑧ 选择电源滤波频率为＿＿＿＿＿＿＿。

    ⑨ 选择最大测试频率为＿＿＿＿＿＿＿。

5．实训总结

（1）根据实训情况，记录操作过程。

（2）按照附录所给实训报告样式填写报告。

实训二

1．实训题目

DSP-100 的使用——双绞电缆的单项测试。

2．实训目的

通过本实验，学会正确使用 DSP-100 进行双绞电缆测试。

3．实训内容

利用所给器材完成电缆测试。

实验器材

- DSP-100 主机一台。
- 智能/标准远端器一台。
- 15 cm 和 2 m 的标准 RJ-45 直接接线电缆各一根。
- 待测双绞电缆若干。

4．实训方法

将仪器按照需要设置好后，就可以进行单项测试了。首先把待测电缆按要求连接好，然后将旋转开关转至 SINGLE TEST 位置，显示屏将显示各测试项目，用上下键选择所需测试项目进行测试。请将各测试结果记录在下面的横线上。

    ① 电缆长度的测试结果为：Pair＿＿＿＿，Length＿＿＿＿，Result＿＿＿＿。

              Pair＿＿＿＿，Length＿＿＿＿，Result＿＿＿＿。

    ② 传输迟延的测试结果为：Pair＿＿＿＿，Delay＿＿＿＿。

              Pair＿＿＿＿，Delay＿＿＿＿。

    ③ 迟延偏离的测试结果为：Pair＿＿＿＿，Delay Skew＿＿＿＿。

              Pair＿＿＿＿，Delay Skew＿＿＿＿。

    ④ 特性阻抗的测试结果为：Pair＿＿＿＿，Result＿＿＿＿。

              Pair＿＿＿＿，Result＿＿＿＿。

（说明：阻抗测量要求电缆长度不能短于 5 m（16 ft）。如果电缆短于该长度则总是显示

合格）

⑤ 电阻测试的结果为：Pair_____，Resistance_____。

Pair_____，Resistance_____。

⑥时域串扰分析的结果为：Pair_____，Peak_____，Distance_____。

Pair_____，Peak_____，Distance_____。

在下面的方框中画出其中任意一对线的 TDX 曲线。

TDX 曲线

TDR 曲线

TDX 测试的结果分析：_____

_____。

⑦ 时域反射测试的结果为：Pair_____，Distance_____，Peak_____。

Pair_____，Distance_____，Peak_____。

在上面的 TDR 曲线方框中画出任意一对线的 TDR 曲线。

⑧ 接线图的测试结果为：_____。

在下面的方框中画出所测电缆的接线图。

接线图

衰减曲线

⑨衰减的测试结果为：Pair_____，Result_____，Attenuation_____，

Frequency_____，Limit_____，Margin_____。

Pair_____，Result_____，Attenuation_____，

Frequency_____，Limit_____，Margin_____。

在上面的衰减方框中画出衰减曲线。

5．实训总结

（1）根据实训情况，记录操作过程。

（2）按照附录所给实训报告样式填写报告。

实训三

1．实训题目

DSP-100 的使用——自动测试和网络监测。

2．实训目的

学会使用 DSP-100 自动测试双绞电缆和使用 DSP-100 进行网络监测。

3．实训内容

利用所给器材完成电缆测试。

实验器材

● DSP-100 主机一台。

● 智能/标准远端器一台。

● 待测网络。

● 15 cm 和 2 m 的标准 RJ-45 直接接线电缆各一根。

● 待测双绞电缆若干。

4．实训方法

双绞电缆的自动测试。

在测量之前，仪器如果没有进行自校正以及自检的话，要先进行自校正和自检。注意自校正用的是 15 cm 的跳线连接测试仪和远端器，而自检用的是 2 m 的跳线连接测试议和远端器。然后把双绞电缆按要求连接好，将旋转开关转至 AUTOTEST 位置，就可进行自动测试了。

将自动测试的结果记录如下。

① 接线图测试结果为：_____。

② 电阻测试的结果为：Pair_____，Resistance_____。

         Pair_____，Resistance_____。

③ 电缆长度的测试结果为：Pair_____，Length_____，Result_____。

            Pair_____，Length_____，Result_____。

④ 传输迟延的测试结果为：Pair_____，Delay_____。

            Pair_____，Delay_____。

⑤ 迟延偏离的测试结果为：Pair_____，Delay Skew_____。

            Pair_____，Delay Skew_____。

⑥ 特性阻抗的测试结果为：Pair_____，Result_____。

            Pair_____，Result_____。

⑦ 衰减的测试结果为：Pair_____，Result_____，Attenuation_____，

    Frequency_____，Limit_____，Margin_____。

    Pair_____，Result_____，Attenuation_____，

    Frequency_____，Limit_____，Margin_____。

⑧ 近端串绕（NEXT）的测试结果为：Pairs_____，Result_____，
Frequency_____，Limit_____，Margin_____。
在下面的近端串绕方框中画出 NEXT 曲线。

衰减串扰比（ACR）测试结果为：Pairs_____，Atten.Pair_____，
Result_____，ACR_____，Frequency_____，
Limit_____，Margin_____。
在下面的衰减串绕比方框中画出 ACR 曲线。

（5）实训总结：填写相关的实训记录

NEXT 曲线   ACR 曲线

5．实训总结

（1）根据实训情况，记录操作过程。

（2）按照附录所给实训报告样式填写报告。

实训四

1．实训题目

工程模拟验收。

2．实训目的

使学生掌握工程验收的基本步骤及内容。

3．实训内容：

在前期实训基础上，完成一个机房的布线工程验收。

4．实训方法

按教材讲授的方法并在教师的指导下完成。

5．实训总结

（1）根据实训情况，记录操作过程。

（2）按照附录所给实训报告样式填写报告。

模块6 布线系统工程文档

📂 **学习目标**

【知识目标】

◆ 了解文档的组成。

◆ 熟悉文档编写方法。

◆ 掌握文档维护和管理方法。

【能力目标】

◆ 通过了解文档的结构和内容，在实际工作中能够对文档进行管理。

◆ 通过了解文档的结构和内容，在实际工作中能够使用文档。

🔑 任务 文档组成与管理

一、任务引入

文档编写与管理是综合布线工程的一个重要组成部分，它贯穿于整个工程，它是综合布线工程设计施工以及工程验收的文字依据，在完成综合布线工程的同时，必须辅之以完善的综合布线文档的编写和管理，只有这样才能最大限度地维护双方的利益。以信息学院网络综合布线工程为例，该工程主要涉及以下几种文档：

（1）招标文档。

（2）投标文档。

（3）工程施工文档。

（4）工程验收文档。

二、任务分析

在信息学院网络综合布线工程中，招标文档是属于甲方对该布线工程的具体要求和要达到的目标，投标文档是乙方根据自身情况所做出的技术设计和整个工程的报价；工程施工文档是乙方在中标后根据甲方实际现场所做出的标准化技术设计图纸，是双方需要认可的工程规范；工程验收文档是工程结束后验收的结果，是工程能否符合国家标准的主要依据。若要完成上面各种文档的编写管理，读者需要了解一些相关知识。

✏️ 知识链接——工程文档

6.1.1 文档的分类

从形式上看，文档大致可以分为两类：一类是综合布线工程设计过程中填写的各种图表，可称之为工作表格；另一类是应编制的技术资料或技术管理资料，可称之为文档或文件。

文档的编制可以用自然语言、特别设计的形式语言、介于两者之间的半形式语言（结构化语言）、各类图形和表格等来表示。文档可以书写，也可以用计算机文件表达，但它必须是可阅读的。

按照文档产生和使用的范围，大致可以分为以下 3 类。

（1）开发文档：这类文档是在综合布线工程设计过程中，作为综合布线工程设计人员在现阶段工作成果的体现和后一阶段工作依据的文档。它包括需求说明书、数据要求说明书、概要设计书、详细设计书、详细设计说明书、可行性研究说明书和项目开发计划。

（2）管理文档：这类文档是在网络布线设计过程中，由网络布线设计人员制定的一些工作计划或工作报告。管理人员通过这些文档能够了解网络设计项目的安排、进度、资源使用和成果。

（3）用户文档：这类文档是网络布线设计人员为用户准备的有关该系统使用、操作、维护的资料。它包括用户手册、操作手册、维护修改手册、需求说明书。

6.1.2　文档的编写

虽然工程项目各不相同，但文档的编写方法大同小异。下面重点介绍几种具有代表性的综合布线文档的编写。

1．招标文件

工程项目招标是指用户（甲方）对愿参加工程项目投标的人进行审查、评议和选定的过程。用户（甲方）对项目的建设地点、规模容量、质量要求和工程进度等予以明确后，进行招标。用户（甲方）再根据投标人的技术方案、工程报价、技术水平、人员组成及素质、施工能力和措施、工程经验、企业财务及信誉等方面进行综合评价、全面分析、择优选择中标人后与之签订承包合同。

工程项目的招标可分为公开招标和邀请招标两种方式。无论何种招标方式，用户（甲方）都必须按照规定的程序进行招标，要制定统一的招标文件。

招标文件一般应至少包括下列内容：

（1）投标人须知。这是招标文件中反映招标人招标意图的部分，每个条款都是投标人应该知晓和遵守的规则的说明。

（2）招标项目的性质、数量。如校园网综合布线，所涉及的目标、区域及数量。

（3）技术规格。招标项目的技术规格和技术要求是招标文件中最重要的内容之一，是指招标项目在技术、质量方面的标准。技术规格或技术要求的确定，往往是招标能否具有竞争性、达到预期目的的技术制约因素。因此，世界各国和有关国际组织都普遍要求，招标文件规定的技术规格应采用国际或国内公认、法定标准。本案例的技术规格主要以国家标准和行业标准为主。

（4）报价要求。报价是招标人评标时衡量的一个重要因素。在工程招标时，一般应要求投标人报完成工程的各项单价和一揽子价格。

（5）评标的标准和方法。评标时只能采用招标文件中已列明的标准和方法，不得另定。

（6）交货、竣工或提供服务的时间。

（7）投标人应当提供的有关资格和资信证明文件。

（8）履约保证金的数额。

（9）投标文件的编制要求。

（10）提供投标文件的方式、地点和截止时间。

（11）开标、评标的日程安排。

（12）主要合同条款。主要合同条款应明确要完成的工程范围、供货的范围、招标人与中标人各自的权利和义务。除一般合同条款外，合同中还应包括招标项目的特殊合同条款。

2．投标文件

投标人应当按照招标文件的要求编写投标文件，投标文件应当对招标文件提出的实质性要求和条件做出响应。投标文件中应包括项目负责人和技术人员的职责、简历、业绩和证明文件及项目的施工器械、设备配置情况等。

投标人是响应招标、参加投标竞争的法人或其他组织。

投标程序包括从填写资格预审表开始至将正式投标文件交付业主为止的全部工作。

（1）投标文件的组成。

投标文件通常由下列文件组成：投标书、投标书附件、投标保证金、法定代表人资格证明书、授权委托书、具有标价的工程量清单与报价单、施工计划、资格审查表、对招标文件中的合同协议条款内容的确认与响应、按招标文件规定提交的其他资料。

（2）投标文件的编写。

① 编写前的准备：投标文件是承包商参与投标竞争的重要凭证，是评标、决标和订立合同的依据，是投标人素质的综合反映和能否获得经济效益的重要因素。因此，投标人对投标文件应引起足够的重视。

编制投标文件之前，应从以下几方面做好准备：

● 进行现场考察。

现场考察应重点调查了解以下情况：建筑物施工情况，工地及周边环境、电力等情况，本工程与其他工程间的关系，工地附近住宿及加工条件等。

● 分析招标文件。

招标文件是投标的主要依据，研究招标文件重点应考虑以下方面：投标人须知、合同条件、设计图纸、工程量等。

● 校核工程量。

投标人根据工程规模核准工程量，并作询价与市场调查，这对于工程的总造价影响较大。

● 预算施工成本。

在保证工程质量与工期的前提下，通过分析施工方法、进度、劳动力情况，预算成本和利润。

② 编制投标文件：投标人应严格按照招标文件的投标须知、合同条款附件的要求编制投标文件，逐项逐条回答招标文件，顺序和编号应与招标文件一致，一般不带任何附加条件，否则会导致投标作废。投标文件对招标文件未提出异议的条款，均被视为接受和同意。

投标文件一般包括商务部分和技术方案部分，特别需注重技术方案的描述。技术方案应根据招标书提出的建筑物的平面图及功能划分，信息点的分布情况，布线系统应达到的等级标准，推荐产品的型号、规格，遵循的标准和规范，安装及测试要求等方面充分理解和思考做出较完整的论述。技术方案应具有一定的深度，可以体现布线系统的配置方案和安装设计方案，也可提出建议性的技术方案，以供用户（甲方）评审评议。切忌过多地对厂家产品进行烦琐的全文照搬。布线系统的图纸要基本上达到满足施工图设计的要求，应反映出实际内容。设计应遵循下列原则：

- 先进性、成熟性和实用性。
- 服务性和便利性。
- 经济合理性。
- 标准化。
- 灵活性和开放性。
- 集成和可扩展性。

目前布线系统所支持的工程与建筑物大体有办公楼与商务楼、政务办公楼、金融证券、公司企业、电信枢纽、厂矿企业、医院、校园、广场与市场超市、博物馆、会展和新闻中心、机场、住宅、保密专项工程等类型。投标书应按上述列出的不同工程类型，做出具有特点和切实可行的技术方案。

3．工程施工文档

综合布线是一项高技能的工作，技术含量较高，对各项技术指标有严格的标准，因此必须有严格合理的施工文档，主要包括工程技术文件报审表、施工进度计划报审表、设计变更通知单、工程物资进场报验表等。工程施工文档的编写应注意以下3点：

（1）随干随写、切忌突击完成；

（2）记录是工程实际的客观反映，切忌"言行不一"；

（3）遇到需审批项目或项目变更必须按规定程序操作，切忌"先斩后奏"。

4．工程验收文档

综合布线工程的验收是一项非常系统的工作，其文档就是记录各项验收的结果，主要包括工程设计文档和工程竣工文档。

要求验收文档和相关资料应做到内容齐全、数据准确无误、文字表达条理清楚、文档外观整洁、图表内容清晰，不应有相互矛盾、彼此脱节和错误遗漏等现象。文档通常一式三份，如有多个单位需要时，可适当增加份数。

（1）工程设计文档。

工程设计文档是布线工程验收的重要组成部分。完整的文档应包括电缆的编号、信息插座的标号、交接间配线电缆与垂直电缆的跳接关系、配线架与交换机端口的对应关系。最好建立电子文档，便于以后的维护管理。具体如下：

① 综合布线系统总图。

② 综合布线系统信息点分布平面图。

③ 综合布线系统个配线区（管理）布局图。

④ 信息端口与配线架端口位置的对应关系表。

⑤ 综合布线系统路由图。

⑥ 综合布线系统性能测试报告。

（2）工程竣工文档。

工程竣工后，施工单位应在工程验收以前，将工程竣工技术资料交给建设单位。综合布线工程的竣工技术文档应包括以下内容：

① 安装工程量。

② 工程说明。

③ 设备、器材明细表。

④ 竣工图纸（施工中更改后的施工设计图）。

⑤ 测试记录。

⑥ 工程变更、检查记录及施工过程中需更改设计或采取相关措施，由建设、设计、施工、监理等单位之间的洽谈记录。

⑦ 随工验收记录。

⑧ 隐蔽工程签证。

⑨ 工程决算。

6.1.3 文档的管理和维护

为了最终得到高质量的产品，达到质量要求，必须加强对文档的管理，可以采取以下几方面措施。

（1）工程项目小组应设一个文档管理员，负责集中保管本项目已有文档的两套主文本，这两套的内容完全一致，其中的一套可借阅。

（2）工程项目小组的成员可根据工作需要自行保存一些个人文档。这些一般都应是主管的复制本，并注意与主管保持一致，在做必要的修改时，也应更新主管文本。

（3）工程项目小组人员个人只保管与本人工作有关的部分文档。

（4）在新文档取代旧文档时，管理人员应及时注销旧文档。在文档的内容有变动时，管理人员应及时修订主文本，使其及时反映更新了的内容。

（5）项目开发结束时，文档管理员应收回开发人员的个人文档。发现个人文档与主文档有差别时，应立即着手解决。

（6）在工程项目实施的过程中，可能发现需要修改已经完成的文档。特别是规模较大的项目，主文本的修改必须特别谨慎。修改前要充分估计修改可能带来的影响，并且要按照提议、评议、审核、批准、实施的步骤加以严格控制。

任务实施——案例工程文档

根据信息学院网络综合布线工程文档管理任务的分析以及相关知识的学习，读者知道了网络综合布线文档的编写和管理方法。 现对信息学院网络综合布线工程所涉及的各类文档简述如下。

一、信息学院网络综合布线招标文档

信息学院网络工程招标书

1. 信息学院基本概况

（1）楼宇的地理位置及分布情况。

（2）各建筑的建筑面积、高度、用途、特点等。

2．投标单位应具备的条件和资料

（1）法人资格证书、营业许可证、法人委托书。

（2）其他有关的资质证书。

（3）先进、健全的质保体系。

（4）设计能力、施工队伍、测试手段、业绩。

（5）社会信誉。

3．标书要求

（1）系统设计方案。

（2）设计目标和特点。

（3）网络系统的设计原则：系统开放性、可扩展性和战略上的灵活性，系统的安全性、成熟性，使用周期。

（4）设计依据和技术指标，执行标准。

（5）针对自身特点的具体要求。

（6）各种设备和材料的标准、厂家品牌。

（7）系统的远景规划及升级换代措施方案。

（8）系统报价。

（9）施工组织方案。

（10）系统投资概算的基本要求：

① 系统硬件设备费。

② 系统软件费。

③ 工程服务费。

④ 施工安装和材料费。

⑤ 包装运输费。

⑥ 技术培训费。

⑦ 耗材。

⑧ 其他费用。

（11）付款方式及条件：

① 是否有预付款。

② 付款周期。

③ 质保金扣除方式及时间。

④ 工程款调整方式及条件。

⑤ 违反合同赔款。

（12）工程期限及质量要求：

① 时间是否确定或由投标方提出。

② 合格或优良。

③ 未达要求赔款。

④ 是否有优质优价要求。

（13）质量保证及售后服务的要求：

① 质保要求。

② 是否要求质量保证体系。

③ 具体要求。

4．其他内容

甲方能够提供的条件：

（1）现有条件。

（2）工程协调。

（3）双方配合。

（4）收费标准、投标时间、地点。

（5）评标方式。

（6）标书数量。

二、信息学院网络综合布线投标文档

××公司投标书

1．信息学院网络综合布线工程整体方案

（1）综合布线系统简介。

（2）综合布线系统的优势。

（3）综合布线系统的组成。

（4）选型原则及产品简介。

（5）综合布线设计方案。

2．信息学院网络综合布线工程施工方案

（1）工程施工组织方案。

（2）工程进度计划。

（3）施工安全措施。

（4）施工期限。

3．信息学院网络综合布线工程测试验收方案

（1）测试时间。

（2）测试方法及手段。

4．信息学院网络综合布线工程总体方案报价

（1）系统设计费。

（2）材料及设备费。

（3）工程施工费。

（4）土建施工配合费。

（5）管理费。

（6）其他费用。

（7）报价依据。

5．信息学院优惠承诺及售后服务

（1）价格优惠让利程度。

（2）质保期限。

（3）售后服务体系。

（4）技术培训。

（5）技术支持。

6. XX 公司资质文件

（1）企业执照。

（2）资质证书。

（3）人员组成。

（4）技术力量。

（5）施工简历。

（6）其他相关证书。

三、信息学院布线工程实施合同

依据上述招标和投标内容，信息学院对投标公司依据性价比和技术方案等指标进行专家组评审，最终北京××××科技发展有限公司中标。以下是双方的工程施工合同。

信息学院网络综合布线工程实施合同

甲方：信息学院　　　　　　　乙方：北京××××科技发展有限公司

地址：中央大街　　　　　　　地址：北京市西城区德外大街

电话：23456789　　　　　　　电话：12345678

传真：23459876　　　　　　　传真：12348765

邮编：100138　　　　　　　　邮编：100088

信息学院（以下简称甲方）与北京××××科技发展有限公司（以下简称乙方），为明确双方在合作过程中的权利、义务和责任，经友好协商，签订本合同。

总则：

乙方是一家提供通信、计算机网络系统集成及综合布线系统施工的专业公司，其技术人员具有施工安装及设计培训的认证书。

甲方同意按下列条款委托乙方实施信息中心（2 号楼）计算机网络布线系统工程，包括：布线材料供应、工程实施和测试文档的制作以及竣工资料归档。

乙方同意按下列条款承包甲方提出的信息中心（2 号楼）计算机网络布线系统工程的设计、施工、安装、测试等项目内容。

第一条　工程实施项目

一、工程名称：信息学院网络布线工程。

二、工程地点：电子信息学院。

三、主管单位：电子信息集团公司

四、工程实施总报价为：￥298000.00 元整（详见附件）。

五、工程内容及承包范围：

1. 工程施工材料及所有技术资料的整理，并交甲方一份。

2. 实施工程包括综合布线系统工程布线材料的供应、施工、安装、测试等内容。

第二条　工程期限

一、本合同工程工期具体实施按甲方装修进度进行。

二、每层穿线时间约为 5 天。

第三条　工程质量

本工程质量经双方研究要求达到：

1. 乙方必须严格按照双方确认后的施工图纸和标准 EIA／TIA-568 进行施工，并接受甲方指派代表的监督。

2. 由乙方提供的材料需与材料清单相符，并经甲方抽测、核对确认无误后方可用于工程。

3. 工程完工后，由乙方负责对工程进行全面测试，并向甲方提供完整的测试报告。

4. 工程竣工后，由乙方按规定对工程进行保修，保修时间自通过竣工验收之日算起，为期一年。

第四条　工程实施费用的支付与结算

一、本合同工程总价为：计人民币 298000.00 元整．大写：贰拾玖万捌仟元整。

二、合同签订进场施工开始后 7 日内，甲方向乙方支付总合同款的 40%，即人民币 119200.00 元整。大写：壹拾壹万玖仟贰佰元整。

三、工程全部完工并经验收合格后 7 日内，甲方向乙方支付总合同款的 55%，即人民币 163900.00 元整。大写：壹拾陆万叁仟玖佰元整。

四、工程验收合格之日起保修一年，期满后 3 日内，甲方向乙方支付总合同款的 5%，即人民币 14900.00 元整．欠写：壹万肆仟玖佰元整。

五、工程总费用按实际结算，增减项目办理由甲乙双方洽商解决。

第五条　施工与变更设计

在施工中如发现乙方的设计与实际施工不相符的地方，乙方及时通知甲方，由甲方及时研究确定修改意见并以书面形式经双方确认，乙方按书面修改意见进行工程施工；若因甲方原因调整工程施工，乙方可相应调整材料及工程实施合同造价，待双方确认后实施。如因此引起工程拖延，则工期顺延。

在施工中，若甲方要求变更施工设计，应向乙方提出书面要求，并经乙方同意。由于因变更而引起的工程拖延，则工期顺延。若甲方的设计变更影响到工程量、工程材料和作业程序，乙方可相应调整工程造价，待甲方确认后实施。

第六条　工程验收

一、乙方完成工程施工和安装测试后，应提交竣工图纸、配线间编号表、测试报告等文档。甲方应在收到通知后的 14 日内对测试结果进行审查并验收，否则视为验收合格。

二、验收内容：综合布线系统测试。

三、验收标准：

1. 布线系统测试验收标准按国家标准《建筑与建筑群综合布线系统工程验收规范》，信息点按 100 MHz 所需的标准进行测试、验收。

2. 乙方应向甲方提供完整的测试报告和配线端接表。

3. 甲方有权进行随意抽测，如抽测结果与乙方的不相符（未达到测试标准的要求），则乙方必须进行重新测试认证，必要时要进行修改，直至达到标准要求。

4. 在规定的一年保修期内，凡因乙方施工造成的质量事故和质量缺陷由乙方无偿保修。

5. 工程完工后，乙方负责立即申请 Avaya 公司签发的关于本工程的 15 年质保证书，同时保证本工程符合 Avaya 公司质量要求。

第七条　违约责任

乙方的责任：

1. 工程质量不符合合同规定的，负责无偿维修。

2. 乙方施工中若使用假冒伪劣产品，按合同总金额 300% 赔偿。

甲方的责任：

1. 在施工前，在工程实施过程中，甲方须让乙方工作人员在规定的时间内进入工程地点，甲方提供材料存放场地和库房。

2. 乙方验收通知书送达甲方后，甲方应在 14 日内尽快组织验收（并通知乙方），否则视为验收合格。

3. 甲方如无正当理由，不按合同规定拨付工程款，则按银行有关逾期付款办法的规定，每逾期一天以未付款部分金额的 5‰ 偿付乙方违约金，但总违约金不超过该工程实施总价的 20%。

第八条　双方一般责任

一、甲、乙双方在工程实施之前指定专人为代表，负责协调、交换、协商，处理在施工过程中所发生的一般事宜。必要时，应请示各自的上级主管负责人，以求问题的迅速解决。

二、甲方应向乙方提供简易库房一间，由乙方存放材料、工具及员工休息所用。主要材料到货后，甲、乙双方办理验收手续，签收后存放在简易库房内，由乙方人员负责保管随时取用。材料损坏和丢失由乙方负责。

三、乙方应坚持安全和文明施工。乙方要保证施工人员的政治思想、业务素质及乙方施工人员的人身安全并将名单报给甲方，施工人员必须遵守法律、法规和条例。

第九条　纠纷解决办法

本合同依据中华人民共和国各有关的法律法规的规定执行，对于执行本合同所发生的与本合同有关的争议，双方应通过友好协商解决。如经协商不能解决时，任何一方均可依法向人民法院提起诉讼。在争议处理过程中，除正在协商的部分外，合同的其他部分应继续执行。

第十条　附则

一、本合同一式四份，具有同等法律效力。甲乙双方各执正本二份。

二、本合同由双方法定代表人或其委托代理人签字，加盖双方公章或合同专用章即生效，有效期一年。

三、本合同签订后，甲、乙双方如需要提出修改时，经双方协商一致后，可以签订补充协议，作为本合同的补充合同。

四、本合同的未尽事宜，由双方友好协商解决。

五、附件与合同具有同等法律效力。

六、工程报价单作为本合同附件。

甲方：信息学院　　　　　乙方：北京××××科技发展有限公司

地址：　　　　　　　　　地址：北京市西城区德外大街

代表人：　　　　　　　　代表人：

盖章： 盖章：

日期： 日期：

附件：工程报价单

信息学院图书馆综合布线工程报价

日期：2014年8月20日

序号	产品	型号	单位	单价	数量	总价 ¥
	一、双绞线部分					
1	超5类非屏蔽插座模块	MPS100E-262	ea	36.00	86	3,096.00
2	双孔模块面板	国产	ea	10.00	43	430.00
3	RJ-45数据跳线	自制(3米)	ea	30.00	40	1,200.00
4	超5类非屏蔽双绞线	1061C+004csl	1000ft	690.00	20	13,800.00
5	24口配线架	PM2150B-24	ea	1200.00	4	4,800.00
6	1U过线槽	国产	ea	60.00	32	1,920.00
7	RJ-45数据跳线	自制(1.5米)	ea	25.00	40	1,000.00
8	机柜	1.6米国产	ea	1900.00	22	41,800.00
	小计：					68,046.00
	二、光纤部分					
1	六芯室外多模光缆	LGBC-006D	M	32.00	2500	80,000.00
2	ST接头	P2020C-125	ea	60.00	580	34,800.00
3	耦合器	C2000A-2	ea	55.00	528	29,040.00
4	光纤配线架	600A2	ea	810.00	33	26,730.00
5	耦合器适配板	24ST	ea	260.00	11	2,860.00
6	耦合器适配板	12ST	ea	250.00	22	5,500.00
7	防尘盖	183U1	ea	230.00	33	7,590.00
8	光纤消耗品	D182038	套	2100.00	3	6,300.00
9	机柜	2米国产	ea	2300.00	1	2,300.00
	小计：					195,120.00
	（1）合计：					263,166.00
	（2）布线施工费：	〈1〉×20%				52,633.20
	（3）测试费：	〈1〉×5%				13,158.30
	（4）文档费：	〈1〉×3%				7,894.98
	（5）设计费：	〈1〉×3%				7,894.98
	（6）税金：	(〈1〉+〈2〉+〈3〉+〈4〉+〈5〉)×3.41%				9,243.18
	总计：	〈1〉+〈2〉+〈3〉+〈4〉+〈5〉+〈6〉				353,990.64

工程总造价： 353,990.64

最终优惠价： 298,000.00

四、信息学院网络综合布线工程施工文档

综合布线工程施工文档主要包括施工项目说明、项目实施说明、项目更改说明。

1. 施工项目说明

信息学院网络综合布线项目工程，自2004年11月19日开工，历时12天于2014年12月1日竣工。工程施工中我公司技术人员按照院方所需进行科学、严谨、细致、合理的分工实施，实施方案得到院领导、设备处和各位系老师的认可，工程实施中院领导和涉及施工部门的老师们给我们大力的帮助，我公司及全体施工人员对此深表谢意。

此工程共包含以下6部分内容。

（1）2号教学楼：5层主控机房网络布线工程（强电、弱电布线、抗静电地板接地、改造、机房隔断建设、原布线线缆整理）。

（2）1号教学楼与2号教学楼主机房光纤连接铺设。

（3）主控机房内核心交换机、防火墙、服务器安装、调试。

（4）1、2、3、4号教学楼分支交换机安装与核心交换机连接调试。

（5）2号教学楼1层专家会议室8个信息点布线。

（6）4 号教学楼 2、4、6、8、10 层弱电控制室强电连接、排风扇安装。

2．项目实施说明

（1）主控机房强、弱电布线。

① 在原有闸箱旁明装 6 路闸箱（2 路备用）分控供给机房内供电。总闸为 100 A，连接原闸箱总控开关下口，分路使用 32 A 开关进行分控。各路分配为：第一路——隔断外三路强面插座；第二路——管理机方墙面开关；第三路——服务器方墙面开关；第四路——核心路由器方墙面开关（原有机柜方）。

② 使用 4 平方 3 芯护套线作为强电主干及分支，给各路进行供电。终端使用 86 盒明装在静电地板上方。静电地板下方使用 50×25 钢线槽进行保护和屏蔽强电，线路由总控闸箱下方静电地板顺墙边沿逆时针方向铺设。在隔断外静电地板下方安装接地盒连接各排静电地板支柱并连接到总闸箱接地端消除静电，避免设备由于静电受损。

（2）1 号教学楼与主机房光纤铺设。

由主机房房顶板层铺设光纤到 2 号楼原有弱电井并进入 2 号楼外原设地井，通过使用网通弱电地井接入到 1 号楼楼口，打通立墙，沿楼道原有线槽接入 1 号楼控制室进入分支交换机。

（3）主机房内核心交换机、防火墙、服务器安装、调试。

锐捷 65 系列核心交换机安装在原有机柜内，我公司技术人员已测通全部光纤并保存数据（包括我方所铺设一条室外光纤及原有室外光纤及室内光纤 200 多芯），每条光纤使用其中 2 芯通过光纤跳线连接到核心交换机，调试畅通。锐捷防火墙安装在核心交换机上方并已启用其功能，服务器安装在新机柜内，系统安装、调试完成。

（4）1、2、3、4 号教学楼分支交换机安装和核心交换机连接调试。

各楼及各楼层间与核心交换机连接使用锐捷 2126S 千兆智能管理型交换机作为分支，按学院要求安装到位并全部与核心交换机连接畅通。

（5）2 号教学楼一层专家会议室布线。

2 号教学楼第一层专家会议室原无布线点，现学院要求会议室内预留 8 个信息点并可连接国际互联网。经过现场勘查，决定在 5 层主控制室取 3 层原有网络分配 1 个 IP 地址过锐捷防火墙做 NAT 服务接入核心交换机，再由核心交换机对应一层弱电控制柜内锐捷分支交换机 2126S 连接到会议室一台 24 口交换机，使会议室 8 台笔记本电脑同时可连接互联网（各笔记本电脑被分配给静态 IP 地址，接入现场 14 口交换机）。

（6）4 号教学楼 2、4、6、8、10 层弱电控制室强电接出、排风扇安装。

第 4 号教学楼由于没有预留排风功能，考虑到夏天炎热，在其上方安装排风扇，降低室温。由电闸箱控制开关接出强电接线板接入机柜，给机柜及交换机供电。

3．项目更改说明

（1）主控机房强电，弱电更改：原方案隔断外 4 个强、弱电点更改为 3 个，隔断内 5 个强、弱电点更改为 6 个。

（2）1 号楼光纤接入楼内没有从原有光纤口进入，重新打通过墙眼穿入，怕影响原有光纤传输质量。

（3）原方案未涉及 2 号楼一层专家会议室布线，4 号楼 2、4、6、8、10 层弱电井安装强电接线板和排风设备，经研究全部安装调试到位。

除此之外，施工文档也可采用工程技术文件报审表（见表 6-1）、施工进度计划报审表（见表 6-2）、设计变更通知单（见表 6-3）及工程物资进场报验表（见表 6-4）等来表示。

表 6-1　工程技术文件报审表

工程技术文件报审表				编　号		***
工程名称		信息学院网络综合布线工程			日期	xxxx年x月xx日
现报上关于		信息学院网络综合布线工程			工程技术文件,请予以审定。	
序号	类别		编制人		册　数	页　数
1	信息学院网络综合布线工程施工方案		xxx		1	48
编制单位名称:			xx科技有限公司			
技术负责人(签字):			申报人(签字):			
施工单位审核意见: 　　该工程施工方案编制齐全完备,结合工程的具体施工情况具有可操作性, 可按此施工方案组织施工。						
		附页				
施工单位名称:	xx科技有限公司		审核人(签字):		审核日期:	xxxx年x月x日
监理单位审核意见:						
审定结论:						
监理单位名称:	xx监理有限公司		总监理工程师(签字):		日期:	xxxx年x月x日
注: 1、本表由施工单位填报,建设单位、监理单位、施工单位各存一份。						

表 6-2　施工进度计划报审表

施工进度计划报审表		编　号	***
工程名称	信息.学院网络综合布线工程	日　期	xxxx年x月x日

致	xx监理有限公司					(监理单位)：	
现报上	xxxx	年	x	季	x	月工程施工进度计划，请予以审查和批准。	
附件：	1.	1	施工进度计划(说明、图表、工程量、工作量、资源配备)				
		1	份				
	2.						
施工单位名称：	xx科技有限公司				项目经理(签字)：		
审查意见：							
			监理工程师(签字)：			日期：	年 月 日
审批结论：							
监理单位名称：	xx监理有限公司			总监理工程师(签字)：		日期：	年 月 日

注：本表由施工单位填报，建设单位、监理单位、施工单位各存一份。

表6-3 设计变更通知单

设计变更通知单		编 号	***
工程名称	信息学院网络综合布线工程	专业名称	弱电
设计单位名称	xx科技有限公司	日 期	xxxx年x月x日
序号	图 号	变 更 内 容	
1	电施-28	三层增加两个地插式信息点	

签字栏	建设（监理）单位	设计单位	施工单位
	xx监理有限公司	xx科技有限公司	xx科技有限公司

1、本表由建设单位、监理单位、施工单位和城建档案馆各保存一份。
2、涉及图纸修改的必须注明应修改图纸的图号。
3、不可将不同专业的设计变更办理在同一份变更上。
4、"专业名称"栏应按专业填写，如建筑、结构、给排水、电气、通风空调等。

表6-4 工程物资进场报验表

工程物资进场报验表			编号		***
工程名称	信息学院网络综合布线工程		日期		xxxx年x月x日
现报上关于		信息学院网络综合布线工程			工程的物资

进场检验记录，该批物资经我方检验符合设计，规范及合约要求，请予以批准使用。

物资名称	主要规格	单位	数量	选样报审表编号	使用部位
金属线槽	GCQ1A-300×100	根	1		三、四层
金属线槽	GCQ1A-100×100	根	1		五层

附件：		名　称	页　数		编号
1.	1	出厂合格证	1	页	
2.	1	厂家质量检验报告	10	页	
3.	0	厂家质量保证书		页	
4.	0	商检证		页	
5.	1	进场检验记录	1	页	
6.	0	进场复试报告		页	
7.	0	备案情况		页	

申报单位名称：	xx科技有限公司	申报人（签字）：			
施工单位检验意见：		符合设计规范要求			
1		0			
施工单位名称：	xx科技有限公司	技术负责人（签字）：		审核日期：	xxxx年x月x日

验收意见：				
质量控制资料齐全、有效，同意验收。				
审定结论：	1	0	0	0
监理单位名称：xx监理有限公司		监理工程师(签字)：		验收日期：xxxx年x月x日
注：1、本表由施工单位填报，建设单位、监理单位、施工单位各存一份。				

五、信息学院网络综合布线工程验收文档

综合布线工程验收文档主要应包括设备验收和工程质量验收两部分，可用工程验收报告和工作表格两种形式表示。

1. 工程验收报告

信息学院网络布线工程申请验收报告

致：信息学院

按照 2014 年 8 月 20 日与院方签订的技术服务合同的内容，我公司积极组织施工队伍，理解院方的需求，认真施工，并已于 2014 年 12 月 1 日完成。

现在学院 1～4 号教学楼与网络核心连通顺畅快捷，网络防火墙、服务器、核心交换机、分支交换机运转正常，内网访问外网稳定、可靠，满足合同要求。

工程项目竣工后，我公司将继续为院方提供为期 1 年内的免费技术支持和服务。

特此申请验收！

（后附验收单）

申请验收单位：北京××××科技发展有限公司
申请验收日期：2014 年 12 月 1 日

附录：项目工程验收单

信息学院网络布线项目工程验收单

编号	日期	项目验收内容	验收结果	验收人签章
1		新铺设光纤	畅通	
2		服务器配置	与合同相符	
3		服务器	运行良好	
4		网络和新交换机，分支交换机	运行良好	
5		防火墙	运行良好	
6		网络机柜	牢固、美观	
7		弱电网络布线	合理、美观、整洁	
8		强电网络布线	合理、美观、整洁	
9		供电系统	设计合理、安全	
10		各教学楼，楼层分支交换机与主控室和新交换机连接状态	畅通	

签章
信息学院 　　　　　　　北京××××科技发展有限公司
代表签字： 　　　　　　　代表签字：
日期：2001 年 12 月 1 日 　　　日期：2001 年 12 月 1 日

2. 工程验收工作表格举例（见表6-5、6-6）

表6-5　设备开箱检验记录表

设备开箱检验记录		编　号	***
设备名称	交换机产品主机	检查日期	xxxx年x月x日
规格型号	LS-S3100-48D-U8-56	总数量	15
装箱单号	107366564556	检验数量	15

检验记录	包装情况	包装完整良好，无损坏，标识明确
	随机文件	出厂合格证15份，说明书15份，光盘15张
	备件与附件	箱体连接用胶条、螺栓、螺母齐全
	外观情况	外观良好，无损坏锈蚀现象
	测试情况	状况良好

检验结果	缺、损附备件明细表				
	序号	名称	规格	单位	数量	备注

结论：

检查包装、随机文件齐全，外观及测试状况良好，符合设计及规范要求，同意验收。

签字栏	建设(监理)单位	施工单位	供应单位
		xx科技有限公司	xx科技有限公司

本表由施工单位填写并保存。

表6-6　综合布线系统安装分项工程质量验收记录表

综合布线系统安装分项工程质量验收记录表			
			编号：***
单位（子单位）工程名称	信息学院网络综合布线工程	子分部工程	综合布线系统
分项工程名称	系统安装质量检测	验收部位	3-5层
施工单位	xx科技有限公司	项目经理	xxx
施工执行标准名称及编号	建筑电气工程施工质量验收规范　GB/T50312		
分包单位	xx科技有限公司	分包项目经理	

150

	检测项目（主控项目） （执行本规范第9.2.1～9.2.4条的规定）	检查评定记录	备注
1	缆线的弯曲半径	符合要求	执行GB/T50312中第 5.1.1 条第五款规定。
2	预埋线槽和暗管的线缆敷设	符合要求	执行GB/T50312中第 5.1.2条规定。
3	电、光缆暗管敷设及与其他管线最小净距	符合要求	执行GB/T50312中第 5.1.1条第六款的规定。
4	对绞电缆芯线终接	符合要求	执行GB/T50312中第 6.0.2条的规定。
5	光纤连接损耗值	0.3DB	执行GB/T50312中第 6.0.3条第四款的规定。
检测意见： 　　　经检测，符合建筑电气工程施工质量验收规范 GB/T50312规范验收要求			
监理工程师签字 （建设单位项目专业技术负责人）		检测机构负责人签字	
日 期	xxxx年x月x日	日 期	xxxx年x月x日

🌀 同步训练

一、思考练习

（1）按照文档产生和使用的范围，系统文档大致可以分为哪3类？

（2）投标文档通常由哪些部分组成？

（3）施工文档的编写应该注意哪些方面？

（4）工程验收中竣工文档有哪些？

二、实训

1. 实训题目

编写综合布线系统工程文档。

2. 实训目的

通过实际练习，了解综合布线文档的组成和内容，体会编写文档过程中的注意事项，掌握编写综合布线系统文档的基本方法。

3. 实训内容

仿照课程所讲内容编写本单位综合布线系统工程文档。

4. 实训方法

（1）实地考察真实网络综合布线系统。

（2）查看相关工程文档。

（3）按照课程所讲内容编写工程文档。

5. 实训总结

（1）根据编写的工程文档，写出实训体会，要求明白编写的步骤与方法。

（2）按照附录所给实训报告样式写出报告。

模块 7 综合布线产品

📁 学习目标

【知识目标】

◆ 熟悉综合布线产品和主要厂商。

◆ 熟悉综合布线产品的类型和特点。

◆ 熟悉结构化综合布线产品的选购原则。

◆ 掌握选择布线产品的方法。

◆ 掌握产品的选购技巧。

【能力目标】

◆ 通过认知厂商和产品，为选用网络布线工具和产品做准备。

◆ 通过真实的综合布线工程，练习选购网络布线产品。

🔑 任务 1 综合布线产品认知

一、任务引入

正确选用网络布线工具和产品，同时了解它们的特点和使用范围，是综合布线的关键。因为只有选用合适的产品和工具，才能保障工程的质量，满足工程的需求。以信息中心楼网络布线工程为例，该工程主要涉及以下几种产品与工具：

(1) 通信介质产品（包括双绞线和光纤）。

(2) 网线接口产品。

(3) 网络测试工具。

二、任务分析

信息中心楼网络布线工程的主要任务是选择线材产品和网线接口产品，这些产品涉及许多不同的公司，生产产品种类繁多，价格各不相同，就其工程目标要求而言需选用的各产品应具备较高品质，应是知名品牌，应有良好的信誉和售后服务能力，同时价格相对较低。具体如何选用，还需了解相关知识后才能确定。

✏️ 知识链接——综合布线产品介绍

7.1.1 国内产品

近年来，国内相继成立了许多综合布线生产厂商，这些生产厂商直接跟踪国际先进技术和管理水平，严格按照标准进行质量控制，由于其更了解和熟悉国内市场，初步形成了以较高品质、中低价位为特征的系列产品。同时，也能十分有效地组织技术支持，因而在许多大中型综合布线工程招标中取得了令人瞩目的成绩。

1．通信介质和网线接口产品

（1）万泰（Wonderful）Elite 综合布线产品。

万泰光电（东莞）有限公司是台湾省万泰企业集团在大陆成立的子公司，主要负责万泰 Elite100 五类布线系统、万泰 Elite350 超五类布线系统、万泰 Elite1000 六类布线系统、万泰 EliteHome 家居布线系统、万泰 EliteCampus 社区布线系统、万泰 Elite 光纤布线系统在大陆地区的推广、行销、服务、培训、支持等工作。经过公司不断拓展，以及分销商、代理商和系统集成商的努力，并有万泰布线产品高性能、中低价位的优势，万泰（Wonderful）品牌在我国布线市场上已经深得用户的青睐。万泰公司标志如图 7-1 所示。

图 7-1　Wonderful 公司标志

万泰提供的布线产品线缆类包括室内非屏蔽、屏蔽 5 类双绞线、超 5 类双绞线、6 类双绞线、同轴线、光纤；室外非屏蔽超 5 类双绞线、25 对 Powersum 5 类双绞线等；连接件类包括 19 机架式 12 口、16 口、24 口、32 口、48 口配线架；45°、90°、180°信息模块等连接部件；符合国际标准的工作区、管理间的各种长度的彩色成型跳接线；更有 110 系列 50 对、100 对、200 对配线架产品和端接、保护、管理、测试、施工工具等。万泰企业集团 1994 年就通过 ISO9002 国际质量体系认证，是综合布线产品同时荣获 UL、CSA、ETL、3P、DELTA、IECQ 认证的布线系统产品制造商。万泰公司提供的网络布线产品见表 7-1。

表 7-1　布线系类产品

品　名	图　示
5 类 4 对非屏蔽双绞线（solid）	
5 类 4 对非屏蔽双绞线（stranded）	
超 5 类 4 对非屏蔽双绞线（solid）	
超 5 类 4 对非屏蔽双绞线（stranded）	
超 5 类室外 4 对非屏蔽双绞线（solid）	
超 5 类 4 对扁平软线	
6 类 4 对非屏蔽双绞线（solid）	
5 类 1 对非屏蔽双绞线（stranded）	
5 类 2 对非屏蔽双绞线（stranded）	
5 类 4 对屏蔽双绞线（solid）	
5 类 25 对大对数电缆（solid）	

品　名	图　示
5 类室外 25 对大对数电缆（solid）	
ST 连接器	
SC 跳线	
SC 连接器	
ST 跳线	
SC 适配器	
12 口壁挂式光纤配线箱	
ST 适配器	
24 口壁挂式光纤配线箱	

品　　名	图　　示
品 SC 适配器小面板	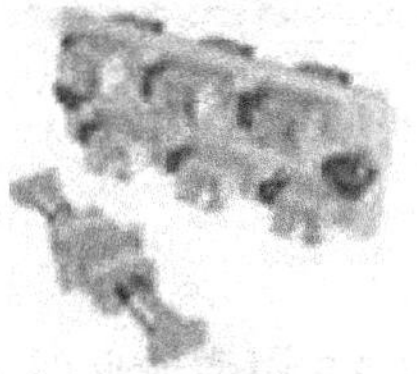
48 口壁挂式光纤配线箱	
ST 适配器小面板	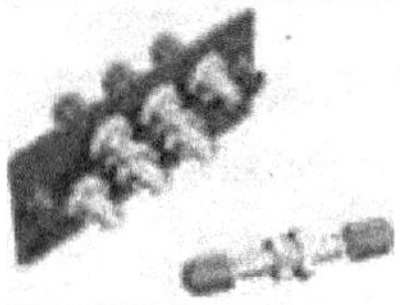
室内多膜 6 芯光纤及室外多膜 6 芯光纤	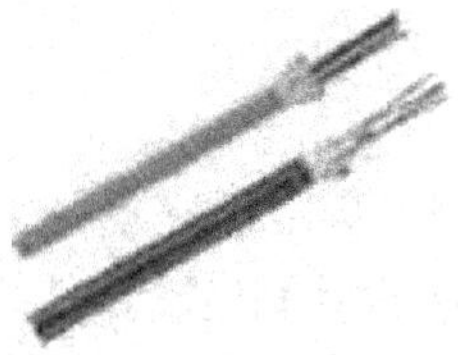

（2）南京普天（Postel）综合布线系统。

南京普天通信股份有限公司是原国家外经贸部批准的中外合资股份有限公司。公司于 1997 年 5 月 18 日按现代企业制度要求，在原国有独资邮电部南京通信设备厂资产和业务的基础上，经过股份制改造而设立，中国普天信息产业集团公司占有公司总股份的 53.49%。同年，该公司股票在深圳证交所上市。普天（Postel）通信股份有限公司标志如图 7-2 所示。

南京普天通信股份有限公司积极开展对外经济和技术合作，跟踪世界高新技术，经过不断开发，形成了配线、网络、无线和电气四大产业格局。其中，配线产品已累计生产销售 7000 多万线，产销量在全国居于领先地位。综合布线被评为国家级产品，为中国宽带网提供了具有自主知识产权的产品。

图 7-2　普天产品标识

● 双绞线产品

① 6 类 4 对 FTP 电缆（见图 7-3）：普天 6 类 FTP 电缆是 6 类综合布线系统用高性能 8 芯 4 对传输电缆，该电缆满足国际标准 TIA/EIA/568-B.2-1 及相关屏蔽要求，电缆的串扰、回损、阻抗和衰减性能优异，充分满足 4 兆以太网等高带宽应用。提供全面支持宽带接入：ADSL、ISDN、ATM155/622 M、Ethernet、Fast Ethernet、Giga Ethernet 等。电缆绝缘护套采用高密度聚乙烯，为提高线缆性能，4 对导线采用低密度聚乙烯十字芯架隔离。

图 7-3　6 类 4 对 FTP 电缆

② 6 类 4 对 UTP 电缆（见图 7-4）：普天 6 类 UTP 电缆是 6 类综合布线系统用高性能 8 芯 4 对传输电缆，该电缆满足国际标准 TIA/EIA/568-B.2-1 的要求，电缆的串扰、回损、阻抗和衰减性能优异，充分满足 4 兆以太网等高带宽应用。提供全面支持宽带接入：ADSL、ISDN、ATM155/622 M、Ethernet、Fast Ethernet、Giga Ethernet 等。电缆绝缘护套采用高密度聚乙烯，为提高线缆性能，4 对导线采用低密度聚乙烯十字芯架隔离。

图 7-4　6 类 4 对 UTP 电缆

● 插座模块

① 6 类 RJ-45 屏蔽插座模块（见图 7-5）：普天 6 类 RJ45 插座模块是根据国际标准 TIA/EIA-568-B.2-1 设计制造的性能优异的免工具 8 线插座模块，模块的电路板和簧片采用专利的平衡技术，使衰减、回损和近端、远端串扰方面的性能超过 6 类标准的要求，屏蔽性能符合相关屏蔽标准，传输带宽超过 250 MHz。安装全面兼容普天各类面板和快速安装板。

② 6 类 RJ-45 插座模块（见图 7-6）：普天 6 类 RJ-45 插座模块是根据国际标准 TIA/EIA-568-B.2-1 设计制造的性能优异的免工具 8 线插座模块，模块的电路板和簧片采用专利的平衡技术，使衰减、回损和近端、远端串扰方面的性能超过 6 类标准的要求，传输带宽超过 250 MHz。安装全面兼容普天各类面板和快速安装板。

图 7-5　6 类 RJ-45 屏蔽插座模块

图 7-6　6 类 RJ-45 插座模块

● 光纤产品

① 光纤适配器（见图 7-7）：产品特点高尺寸精度、重复性好、互换性好、温度特性好、耐磨性好、应用于光纤通信系统、LAN、CATV。

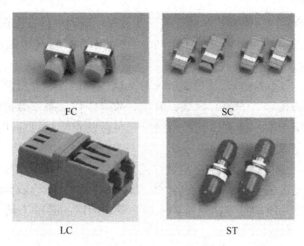

图 7-7　光纤适配器

② 双芯室内光缆（见图 7-8）：产品体积小、重量轻、弯曲半径小、富有弹性韧性，高性能的紧套被覆能够保护光纤避免环境和机械应力的损害，尤其适合用来制成带活接头的双芯跳线，适合楼宇内局域网（LAN）或机舱内设备、仪表间的理想连线，仪器或通信设备的尾缆。

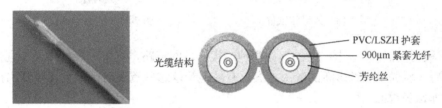

图 7-8　双芯室内光缆

2．网络测试工具

Fluke 增值代理商安恒公司成立于 1993 年，主要从事计算机网络测试、维护和培训服务，在信息技术领域以"网络健康专家"而著称，是国内第一个网络维护与诊断专业公司。安恒公司标志如图 7-9 所示。

图 7-9　安恒公司标识

为填补国内网络维护和测试专业领域的空白，安恒公司 1994 年首次提出了"网络健康"这一全新的概念，剖析了复杂的网络维护技术，并提出了实际解决方案。多年来安恒公司一直努力推广网络维护与诊断技术，集引进、开发、推广网络测试最新技术于一体，为用户提供全面的解决方案。

作为美国 Fluke 网络公司国际部最大的分销商，安恒公司除了提供对网络测试产品的销售及增值服务外，面对日益增长的网络维护技术培训需求，1997 年安恒成立了网络培训中心，并获得了 Fluke 网络公司"网络维护学院"的正式授权。培训中以安恒在网络维护及测试服务积累长达 10 年的实践经验为主体，开设了"网络维护工程师"等高级专业培训课程。

安恒产品包括：

① 线缆测试仪（见图 7-10）。从分类上又分为铜缆测试仪、光纤测试仪。各类线缆测试仪实现了从布线系统的设计、安装、调试、验收、故障查找、系统维护等诸多功能，使任何技术人员都可以像网络专家一样测试光纤网络。它可帮助布线承包商和网络维护员成功安装光纤线路，高质量地完成光纤认证的业务。

② 网络测试仪（见图 7-11）。网络测试仪的范围非常广，从用于现场一线维护工程师的手持式网络测试仪到复杂的分布式网络综合测试仪；从网络故障诊断到网络性能分析；覆盖网络七层的测试到网络系统的管理，是维护网络、管理网络的必备工具。

图 7-10　线缆测试仪

图 7-11　网络测试仪

③ 广域网测试仪（见图 7-12）。完整地透视广域网链路，提供对广域网设备进行安装、分析、监测、测试和故障诊断的解决方案。有效地管理这些资源对于最大化投资回报、减少 IT 开销是非常关键的。

④ 无线网测试仪（见图 7-13）。包括无线网规划与部署验证测试、无线网工程验收测试、无线网安全测试与评估、无线网网络性能测试、无线网设备性能测试与模拟测试–实验室级测试。

图 7-12　广域网测试仪

图 7-13　无线网测试仪

7.1.2　国外产品

许多国际知名的综合布线产品生产厂商都是历史悠久的跨行业的企业集团，它们不仅具有十分完善的用户市场分析预测、产品研发、品牌宣传投放和销售渠道的组织，还具有一条龙的产品质量跟踪和较好的技术支持。有些公司的产品涉及面较宽，几乎涵盖了综合布线系统的每一个细节，比如 Lucent、AMP、Siemon 等公司。有些公司则比较专一，通常只从事某一些项目的研发和推广，比如 Fluke、BRADY 等公司。同时，这些企业还广泛参与国际合作，与一些国际和区域组织合作、制定、颁布并大力推广新的布线技术的国际及区域标准，为计算机技术、通信技术和布线技术的发展起到了重要作用。

1. 通信介质和网线接口产品

（1）AMP（安普）公司。

泰科电子公司（见图 7-14）是世界上最大的无源电子元件制造商，是无线元件、电源系统和建筑物结构化布线器件和系统方面前沿技术的领导者，是陆地移动无线电行业的关键通信系统的供应商，泰科电子提供先进的技术产品，旗下拥有超过 40 个著名品牌，包括 Agastat、Alcoswitch、AMP、AMP NETCONNECT、CII、CoEv、Critchley、Elcon、Elo-TouchSystems、M/A-COM、Madison Cable、OEG、Potter & Brumfield、Raychem、Schrack 和 Simel 等。

图 7-14　泰科电子公司产品标识

作为全球通信器件和电缆产品的主导厂商，安普布线（AMP NETCONNECT）（见图 7-15）是泰科电子公司的一部分，可为各种建筑物的布线系统提供完整的产品和服务，其建筑结构化布线系统的可靠性和杰出工艺受到整个行业的赞赏。安普布线可为客户提供符合行业标准的完整解决方案，其设计和生产端到端布线解决方案，包括单模和多模光纤系统以及屏蔽和非屏蔽铜缆布线系统。

● 非屏蔽电缆

① 6 类非屏蔽电缆（见图 7-16）：顶级性能的 6 类非屏蔽电缆，十字骨架分隔结构提供真正的 6 类性能。产品采用十字骨架分隔结构，提供真正的 6 类性能；性能超过 TIA/EIA 568B.2 六类标准；系统性能测试至 600 MHz；经独立机构 ETL/SEMKO 测试和认证；获 UL 认证；所有性能均超过千兆以太网的性能要求；无铅外皮。

图 7-15　AMP（安普）公司产品标识

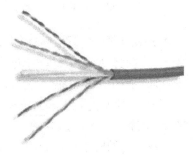

图 7-16　六类非屏蔽电缆

② 超 5 类非屏蔽电缆（见图 7-17）：高性能的超 5 类非屏蔽电缆，性能成熟稳定，满足

用户的多方面性能要求。产品性能超过 TIA/EIA 568B 和 ISO 超 5 类/D 级标准；系统性能测试至 200 MHz；经独立机构 ETL/SEMKO 测试和认证；获 UL 认证；NEXT 值超出超 5 类标准 2 dB；所有性能均超过千兆以太网的性能要求；无铅外皮。

③ 大对数电缆（见图 7-18）：多种类型的非屏蔽大对数电缆满足用户需求。产品性能超过 TIA/EIA 568B 和 ISO 标准；经独立机构 ETL/SEMKO 测试和认证；获 UL 认证；三类电缆满足 IEEE802.3 10 M 以太网要求；5 类 25 对电缆适合在数据网络上使用。

图 7-17　超 5 类非屏蔽电缆　　　　　图 7-18　大对数电缆

● 屏蔽电缆

① 7 类 PiMF 屏蔽电缆（见图 7-19）：对对屏蔽的高性能电缆产品，可支持语音、数据、视频应用以及未来新兴的高宽带服务；支持万兆应用，适用于对网络传输性能和安全性能有高要求的用户；支持 600 MHz 传输带宽；每个线对都包有单独的铝箔屏蔽层，所有线对外面有铜网屏蔽层；导体线径为 23 AWG；低烟无卤（LSZH）材料外皮。

② 6 类 PiMF 屏蔽电缆（见图 7-20）：对对屏蔽的高性能电缆产品，支持多种网络应用，提供极高的性价比以及电磁防护性能，是用户铺设高速安全网络系统的首选产品。产品支持 300 MHz 传输带宽；每个线对都包有单独的铝箔屏蔽层，所有线对外面有铜网屏蔽层；导体线径 23 AWG；低烟无卤（LSZH）材料外皮，白色。

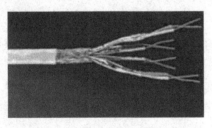 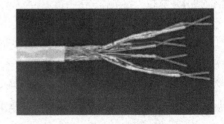

图 7-19　7 类 PiMF 屏蔽电缆　　　　　图 7-20　6 类 PiMF 屏蔽电缆

③ 6 类 FTP 屏蔽电缆（见图 7-21）：整体金属箔（FTP）屏蔽结构 6 类电缆，支持 250 MHz 传输带宽，同时能够有效地防止电磁干扰的影响，使布线系统始终保持优异的电磁兼容性能及传输性能。产品 250 MHz 6 类屏蔽电缆；所有线对外面有铝箔屏蔽层；导体线径 23 AWG；线缆中的十字骨架提供更好的传输性能；低烟无卤（LSZH）材料外皮，白色。

④ 超 5 类屏蔽电缆（见图 7-22）：两种不同屏蔽方式可供选择，性能测试至 200 MHz，能够有效地防止电磁干扰的影响，使布线系统始终保持优异的电磁兼容性能及传输性能。产品性能超过 TIA/EIA 568B 和 ISO 超 5 类标准；系统性能测试至 200 MHz；经独立机构 ETL/SEMKO 测试和认证；获 UL 认证；NEXT 值超出超 5 类标准 2 dB；所有性能均超过千

兆以太网的性能要求；提供高效的屏蔽性能；无铅外皮。

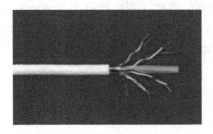

图 7-21　6 类 FTP 屏蔽电缆

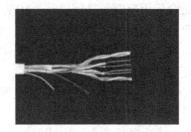

图 7-22　超 5 类屏蔽电缆

● 光缆

① 室内用光缆（见图 7-23）：室内用紧套管型光缆，用于建筑内的水平和主干布线，可直接接到工作区插座和多用户插座。纤芯类型包括单模、62.5/125 μm 多模、50/125 μm 多模及万兆光缆，芯数从 2 芯到 72 芯。

产品简介如下：

● 适用于制作尾纤、跳线、水平布线和内部设备之间的连接。
● 可以用于胶粘/打磨型连接器、免胶粘/打磨型连接器、免胶粘/免打磨型连接器和 MT-RJ 连接器。
● 使用高性能的单模或多模纤芯，符合所有的行业性能标准。
● 纤芯的缓冲层可以被剥除，方便与连接器的端接。
● 使用高强度纤维作为加强材料。
● 符合 TIA 色彩编码的纤芯外皮颜色，方便识别和安装。
● 提供符合 UL OFNR（垂直应用）和 OFNP（通风管道应用）标准光缆。
● 设计和测试均符合 TIA/EIA-568-B、Telcordia GR-409-CORE IEC793-1/794-1 和 ISO/IEC11801:2000 标准。
● 多种芯数、多种规格可供选择。
● XG 万兆光纤应用于新型高速数据通信。
● 适用于所有的光纤端接工具。

② 室外用绝缘型光缆（见图 7-24）：绝缘型室外用松套管型光缆，适应多种室外环境，可以用于架空、直埋和管道等不同安装要求。纤芯类型包括单模、62.5/125 μm 多模、50/125 μm 多模及万兆光缆，芯数从 4 芯到 72 芯。

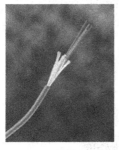

图 7-23　室内用光缆

图 7-24　室外用绝缘型光缆

产品简介如下：

- 适合应用范围包括园区环境中的建筑物之间的连接（通过管道或直埋的形式）；架空连接的应用（需要使用引绳）；本地回路和馈线网络；间歇性受到水淹或潮湿的室外区域；有剧烈温度波动的环境；引入缆或服务缆。
- 使用高性能的单模或多模纤芯，符合所有的行业性能标准。
- 符合 TIA 色彩编码的纤芯外皮颜色，方便识别和安装。
- 采用干式防水技术。
- 采用小直径单套管结构节省管道的空间。
- 采用防紫外线型聚乙烯外皮，可以在恶劣的室外环境中提供出色的保护。
- 采用低摩擦系数的外皮，可以方便地在管道中穿线、采用光缆的全绝缘结构。
- 设计和测试均符合 TIA/EIA-568-B、Telcordia GR-409-CORE IEC793-1/794-1 和 ISO/IEC11801:2000 标准。
- 有多种芯数、多种规格产品可供选择。
- 产品中 XG 万兆光纤应用于新型高速数据通信，适用于所有的光纤端接工具。

③ 室外用铠装型光缆（见图 7-25）：铠装型室外用松套管型光缆，适应多种室外环境，可以用于架空、直埋和管道安装等安装要求，并提供更好的保护。纤芯类型包括单模、62.5/125 μm 多模、50/125 μm 多模及万兆光缆，芯数从 4 芯到 72 芯。

图 7-25　室外用铠装型光缆

产品简介如下：

- 适用于以下应用，即园区环境中的建筑物之间的连接（通过管道或直埋的形式）；采用架空连接的应用，需要使用引绳；采用本地回路和馈线网络；适于间歇性受到水淹或潮湿的室外区域；适于有剧烈温度波动的环境；适于引入缆或服务缆。
- 使用高性能的单模或多模纤芯，符合所有的行业性能标准。
- 符合 TIA 色彩编码的纤芯外皮颜色，方便识别和安装。
- 采用干式防水技术。
- 采用小直径单套管结构，可以节省管道的空间。
- 采用防紫外线型聚乙烯外皮，可以在恶劣的室外环境中提供出色的保护。
- 采用低摩擦系数的外皮，可以方便地在管道中穿线、采用金属铠装保护结构。
- 设计和测试均符合 TIA/EIA-568-B、Telcordia GR-409-CORE、EC793-1/794-1 和 ISO/IEC11801:2000 标准；采用多种芯数、多种规格可供选择。
- XG 万兆光纤应用于新型高速数据通信；适用于所有的光纤端接工具；满足光纤直埋要求。

（2）美国朗讯（Lucent）科技公司。

美国朗讯科技公司（见图 7-26）的前身是 AT&T。它由原 AT&T 的网络系统部、商业通信系统部、用户产品部、微电子部、多媒体企业部、技术部以及贝尔实验室组成。该公司生产的结构化布线系统用于建筑物内或建筑群体的传输网络，是较早引入我国的综合布线系统，该系统采用的缆线、接续设备和布线部件品种较

图 7-26　美国朗讯公司产品标识

多，其特点如下：

① 水平布线子系统的缆线主要是 3 类、5 类 24 AWG 非屏蔽对绞线（UTP）4 对或 25 对。在某些场合（如局域网）采用 3 类 25、50、75 或 100 对电缆作为传送 16 Mbit/s 数据的传输媒质。因用户传输信息的需要，也可采用多模光纤光缆，其光纤芯数有 2、4、6、8 和 12 芯几种，上述缆线的护套材料均有非阻燃型和阻燃型两种。

② 主干布线子系统主要是采用 3 类 25、50、75、100、200、300、600、900 和 1800 对几种规格的电缆，或 62.5 μm/125 μm 多模光纤光缆，其光纤芯数有 12、24、36、48、60、72、84、96 和 144 芯几种。缆线的护套材料也有非阻燃型和阻燃型两种。

③ 接续设备主要采用各种超 5 类 110 型配线架，其终端容量有 100、300、600 和 900 对多种。此外，也有 25 或 50 对的小型设备。在采用光缆时，为 LGX 光纤配线架、光缆接续箱及光缆接头盒等。通信引出端（或称信息插座）有明装和暗装两种，并配有单孔、双孔、3 孔、4 孔、6 孔、8 孔的面板以及接续模块等。结构化布线系统为非屏蔽系统，能用于话音、数据和图像等设备，可支持 100 Mbit/s 的数据传输，并能将智能化建筑和智能化小区的内部布线系统与公用通信网相连，该系统的产品质量保证时间为 15 年。

（3）美国 IBM 公司。

美国 IBM（见图 7-27）先进布线系统（ACS）于 1995 年进入我国，已在国内不少行业中使用。它适用于智能化建筑和智能化小区，能提供从低端系统（如非屏蔽的解决方案）到高端系统（如 6 类、7 类缆线和光纤的解决方案）的系列产品；

图 7-27　IBM 公司的产品标识

具有从普通聚氯乙烯材质到低烟、阻燃、无毒、安全可靠的材质；可以提供 RJ45 接插件和支持多媒体高速率传输的产品；具有较好的适应性、可靠性和可扩展性。IBM 先进布线系统采用的缆线、接续设备和布线部件较多，其特点如下：

① 水平布线子系统采用的缆线主要是 3 类、5 类 100 Ω 或 120 Ω 的 4 对 UTP、金属箔对绞线（FTP）、屏蔽金属箔对绞线（SFTP）和其他几种屏蔽对绞线对称电缆。在主干布线系统中采用 3 类 24 AWG 非屏蔽和屏蔽两种结构，电缆对数有 20、25、40、50、100、200 和 300 对等，且可以与传输 300 MHz 的 STP 配套使用。其 6 类、7 类线可以满足的最高传输频率分别为 350 MHz 或 600 MHz。当采用全程屏蔽技术时，既能防止外界电磁干扰，也能防止自身对外的电磁辐射，可提高信息传输的安全保密性。如采用铜芯电缆时，可满足高速传输数据（＞30 MHz）的要求。

② IBM 先进布线系统中的建筑物配线架（BD）和楼层配线架（FD）中的模块连接硬件机架、过线槽、接地架、托线架等均按标准规定组装。它们的外形规格尺寸为通用的 19″（19″ =48.26 cm）制式。

（4）SIEMON（西蒙）。

美国西蒙公司（The Siemon Company，见图 7-28）1903 年创立于美国康涅狄格州水城，是全球著名的通信布线领导厂商，拥有 300 多项技术专利和 8000 余种布线产品。公司的

图 7-28　西蒙公司产品标识

销售及服务网络遍及全球，在美国、英国、南美、加拿大、澳大利亚、意大利、德国、法国、印度、韩国、日本、新加坡和中国（北京、上海、广州、成都）等地均设有分支机构。当今世界前 500 强企业很多都是西蒙公司的客户。自 1996 年进入中国以来，西蒙一直重视

品牌价值的宣传和服务质量的承诺，在中国树立了良好的市场形象，在政府、通信、金融、电力、医疗和教育等各行各业赢得了众多大型工程，如铁道部 12 万点联网工程，财政部 5 万点信息化工程，"神舟"载人航天项目 3 万点工程等等。

2003 年西蒙公司成立百年之际开始通过全球统一产品形象、资源和信息共享、服务全球化等发展策略向全球化、国际化稳步迈进。西蒙在保持技术领先的优势下，将会针对市场需求推出不同的新品，由技术导向型逐渐向市场导向型公司转变。

西蒙公司全球首家提供全套 10 Gbit/s（万兆以太网）解决方案，同时西蒙还拥有全系列增强 5 类/6 类/7 类、非屏蔽/屏蔽、光纤（包括 MT-RJ/ LC）及全套绿色环保布线系统，可支持大楼内所有弱电系统的信号传输，广泛应用于语音、数据、图形、图像、多媒体、安全监控、传感等各种信息传输，支持 UTP、F/UTP、S/FTP 类型双绞线、光纤、同轴等各种传输媒质。西蒙卓越的产品性能可完全支持万兆以太网及目前所有的宽带网络应用。

西蒙公司是获得 ISO9001 质量认证及 ISO14001 环境管理体系认证的生产制造厂商。

2．网络测试工具

（1）美国 Fluke 公司。

Fluke 公司（见图 7-29）是世界电子测试工具生产、分销和服务的领导者。Fluke 公司于 1948 年成立，作为丹纳赫集团的全资子公司，Fluke 是一个跨国公司，总部设在美国华盛顿州的埃弗里德市，工厂分别设

图 7-29　美国 Fluke 公司产品标识

在美国、英国，荷兰和中国，销售和服务分公司遍布欧洲、北美、南美、亚洲和澳大利亚。Fluke 公司已授权的分销商遍布世界 100 多个国家，雇员约 2400 人。

Fluke 公司在中国改革开放的初期 1978 年就进入了中国。首先在北京建立了维修站，随后就成立了办事处。福禄克公司是在中国成立办事机构最早的外国电子企业之一。目前 Fluke 公司在北京、上海、广州、成都、西安都设有办事处，在沈阳、大连、武汉、南京、济南、乌鲁木齐、重庆和深圳设有联络处，这些机构为中国各界用户提供了方便、周到和及时的服务。

过去的 30 多年中，Fluke 公司把先进的产品带入了中国，同时 Fluke 公司还与中国各界进行了广泛的，卓有成效的技术合作。为了便于用户了解和购买 Fluke 公司的产品，公司在国内逐渐建立了良好的分销机构，它们使国内的用户可以方便地用人民币直接购买 Fluke 公司的产品。

Fluke 公司为局域网和广域网的安装、维护和故障诊断等提供了一整套方案，从最基本的电缆测试仪、便携式网络管理产品到网络高端测试仪器，每一种 Fluke 公司的测试仪在"网络健康"维护战略中都有其特定的角色，同时也适用于不同级别和能力的人员。

● 铜缆测试

① DTX 系列电缆认证分析仪（见图 7-30）：这个铜缆和光纤认证测试仪可确保布线系统符合 TIA/ISO 标准。测试 10 M 到 10 KM 线缆。完成一次 6 类链路自动测试的时间比其他仪器快 3 倍，进行光缆认证测试时快 5 倍。而这些仅仅是开始，DTX 系列还具有 IV 级精度、无可匹敌的智能故障诊断能力、900 MHz 的测试带宽、12 h 电池使用时间和快速仪器设置，并可以生成详细的中文图形测试报告。

② DSP 系列电缆分析仪（见图 7-31）：该铜缆认证测试仪可确保布线安装公司符合

TIA/ISO 标准。测试 Cat 6/5e/5/和 Cat 3。DSP-4000 系列电缆分析仪在过去几年内一直处于电缆认证测试的领先地位。DSP 系列测试仪可以提供精确 Cat 5e 和 Cat 6 双绞线以及光缆布线系统的认证测试。现在 Fluke 公司又推出了新一代电缆认证测试仪——DTX 系列电缆分析仪。

图 7-30　DTX 系列电缆认证分析仪

图 7-31　DSP 系列电缆分析仪

　　DSP-4000 系列电缆分析仪基于的是先进的数字信号处理测试平台，提供完整和精确的方案，包括 Cat 3 至 Cat 6 的双绞线认证测试、文档备案和故障诊断。3 个型号的光缆测试适配器适合于任意一款 DSP 电缆分析仪，可进行水平和骨干光缆布线系统的自动损耗测试。如所有的 Fluke 测试仪一样，DSP-4000 系列电缆分析仪坚固稳定，能够满足在目前网络安装环境下的测试要求。

　　● 光缆测试

　　① FiberViewer™光缆检测放大镜（见图 7-32）：手持式光纤显微镜可用于跳线的端面检查。用 Fiber Viewer 显微镜可以确保光纤端接平整、清洁，避免光纤链路故障的头号原因——端面变脏。

　　② CertiFiber® 多模光纤测试仪（见图 7-33）：要认证多模光纤网络是否符合行业标准。用户可以用 CertiFiber 在更少的时间里测试更多的光纤，用它的单键测试功能，CertiFiber 允许同时用两种波长测试两根光纤上的长度和衰减，并将结果与预先选定的工业标准比较，立即显示结果是否合乎标准。CertiFiber 采用可互换的适配器，可以方便地连接所有类型的网络。

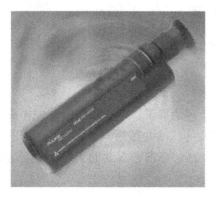

图 7-32　FiberViewer™光缆检测放大镜

图 7-33　CertiFiber® 多模光纤测试仪

任务实施——查询布线产品信息

根据工程任务的需要选购综合布线产品时，首先应充分了解相关产品的特点、功能和品牌，就信息学院网络综合布线任务而言，要想得到较适合的产品，就应当先查询相关信息。最简单的方法就是网上查询，下面是一些国内外著名布线产品网站。

一、国内品牌公司网站

（1）万泰（Wonderful）Elite 综合布线系统公司：http://www.wonderful-cabling.com.cn。

（2）Fluke 增值代理商安恒公司：http://www.anheng.com。

（3）福尔达（FUERDA）科技：http://www.fuerda.net。

（4）宁波际联（Linkbasic）科技有限公司：http://www.Linkbasic.com。

（5）南京普天（Postel）综合布线系统：http://www. Postel.com.cn。

（6）鼎志（DINTEK）电子股份有限公司：http://www. dintek.com.cn。

（7）乐庭（LTK）实业有限公司：http://www. ltkcable.com。

（8）长飞（YOFC）光纤有限公司：http://www. changfei.com.cn。

二、国外品牌公司网站

（1）美国 Fluke 公司：http://www. Fluke.com。

（2）Lucent（朗讯）科技公司：http://www.Lucent.com.cn。

（3）AMP（安普）公司：http://www. ampchina.com、http://www. ampnetconnect.com。

（4）Brady（贝迪）公司：http://www.brady.com.cn。

（5）IBDN（丽特）网络科技公司：http:// www.nordx.com.cn、www.nordx.com.cn/nordx/。

（6）STANLEY·JENSEN（史丹利·坚森）工具公司：http://www. STANLEY.com。

（7）Siemon（西蒙）公司：http://www.siemon.com.cn。

（8）KRONE（科龙）综合布线系统：http://www.Krone.com.cn。

（9）IBM ACS 先进布线系统：http://www.ibm.com。

（10）3M 公司：http://www.3m.com。

（11）ORTRONICS（奥创利）公司：http://www.ortronics.com。

（12）CLIPSAL（奇胜）综合布线产品：http://www.clipsal-china.com。

任务 2　选购布线产品

一、任务引入

网络综合布线产品选购的优劣直接影响整个工程的质量，以及今后的使用和维护。布线所用到的产品，例如，普通 5 类双绞线或者水晶头等传输的都是弱电信号，稍有不慎就可能会影响网络通信的整体性能，因此选好布线产品，是一项非常重要的工作。就信息学院网络综合布线工程而言，主要布线产品选择的任务包括：

（1）通信介质。

（2）网线接口产品。

（3）网络测试工具。

二、任务分析

综合布线产品是网络传输的纽带，很多网络故障不是网络设备有问题，而是网线、水晶头或者插座模块质量低劣引起的。出现网络不通或者网速慢多数是因为网线质量差、阻抗高、信号衰减大引起的。而在阴雨天气经常出现断线现象，多数是因为水晶头或者网络模块金属接片质量差，出现霉变现象而造成的。如何挑选值得信赖的产品是所有用户都要面临的问题。在进行布线产品选型、选购时，要力争做到同类产品尽量选择同一家产品，尽量使用品牌产品，尽量与国际标准接轨，尽量要高水平。

知识链接——综合布线产品选购

7.2.1 综合布线产品选购原则

根据工程的实际需求，并结合资金具体情况，通过查看现场和建筑平面图等资料，计算出线材的用量、信息插座的数目和机柜数量，做出各种产品的使用量报告。根据用量情况，再结合产品特性就可选型了。选型应注意如下原则：

1. 产品选型必须与工程实际相结合

根据智能化建筑和智能化小区的主体性质、所处地位、使用功能和客观环境等特点，从工程实际和用户信息需求考虑，选用合适的产品，其中包括各种缆线和连接硬件。

2. 产品选型应符合技术标准

选用的产品应符合我国国情和有关技术标准，包括国际标准、我国国家标准和行业标准。例如，不应采用 120 Ω 的布线部件的国外产品。所用的国内外产品均应以我国国标或行业标准为依据进行检测和鉴定，未经鉴定合格的设备和器材不得在工程中使用。未经设计单位同意，不应以其他产品代用。

3. 近期和远期相结合

根据近期信息业务和网络结构的需要，适当考虑今后信息业务种类和数量增加的可能，预留一定的发展余地。但在考虑近远期结合时，不应强求一步到位、贪大求全。要按照信息特点和客观需要，结合工程实际，采取统筹兼顾、因时制宜、逐步到位、分期形成的原则。在具体实施中，还要考虑综合布线系统的产品尚在不断完善和提高，应注意科学技术的发展和符合当时的标准规定，不宜完全以厂商允诺的产品质量期限来决定是否选用。

4. 技术先进和经济合理相统一

目前我国已有符合国际标准的通信行业标准，对综合布线系统产品的技术性能应以系统指标来衡量。在产品选型时，所选设备和器材的技术性能指标一般要高于系统指标，这样在工程竣工后，才能保证满足全系统技术性能指标。但选用产品的技术性能指标也不宜过高，否则将增加工程造价。

7.2.2 选择合格的布线产品

一个网络布线系统的质量主要受以下几方面因素的影响：产品的质量，工程的设计水平，施工的工艺水平。这 3 方面是紧密联系相互作用、相互制约的。产品的质量是整个布线工程的基础，但是如何确保自己所选购的产品是合格的，却一直困扰着大多数用户。在选购中应注意以下几个问题：

1．不要贪图便宜

相信"一分价钱一分货"是没错的。曾经有人拿着两个外观一模一样的超 5 类 RJ-45 模块问："为什么一个是 20 多元，而另一个却只要几块钱？"回答的最好方式是将两个模块分别接到同一根电缆的两端，然后用电缆测试仪按照超 5 类的国际标准测试，结果几块钱的是不合格产品。

注意：数据传输对介质的电气性能要求非常高，它不像安装电话线路那样仅仅连通就可通信那么简单。所以，选购产品时不要贪图便宜，选购劣质的产品。

2．不要迷信国外品牌

同选购所有商品一样，人们在选购网络产品时往往崇拜名牌，但实际证明名牌同样存在问题。相关机构曾经对数家国内外知名品牌进行产品选型测试，结果某国产品牌的产品性能明显胜出，且价格还非常低廉。

3．使用前要进行抽测

在国际标准 GB/T50312-2000 中工程验收施工前检查部分明确规定：要进行电缆电气性能的测试。工程收工前，要进行工前检测，对于没有条件进行检测的用户，在选择供应商时最好找那些正规的、有厂商授权的公司，并用严谨的合同条款保护自己。

7.2.3 如何选购双绞线产品

1．双绞线品质的鉴别

双绞线质量的优劣是决定局域网带宽的关键因素之一，只有标准的超 5 类或 6 类双绞线才可能达到 100～1000 Mbit/s 的传输速率；而品质低劣的双绞线是无法满足高速率的传输需求的。

若构建的网络对数据传输速率有较高的要求，如大型网络，那么最好还是直接到名牌产品的特约经销商或代理商那里去购买，价格虽然可能会贵一些，但品质是有保证的。所以选择高质量的网线就显得尤其重要，特别是在综合布线工程中。

在不同的品牌中，市场上最常见的还是 AMP，几乎每一个网线经营店铺都可见到它的身影，它的最大特点就是质量好、价格便宜。正因如此受欢迎，所以它的假货也是最多的，有的几乎可以以假乱真了。在选购上应注意以下几点：

（1）看。

① 看包装箱质地和印刷，仔细查看线缆的箱体，包装是否完好。许多厂家还在产品外包装上贴上了防伪标志。

② 看外皮颜色及标识。双绞线绝缘皮上应当印有诸如厂商产地、执行标准、产品类别（如 CAT5e、C6T 等）、线长标识之类的字样。最常见的一种安普 5 类或者超 5 类双绞线塑料包皮颜色为深灰色，外皮发亮。

③ 看绞合密度。如果发现电缆中所有线对的扭绕密度相同，或线对的扭绕密度不符合技术要求，或线对的扭绕方向不符合要求，均可判定为伪品。

④ 看导线颜色。与橙色线缠绕在一起的是白橙色相间的线，与绿色线缠绕在一起的是白绿色相间的线，与蓝色线缠绕在一起的是白蓝色相间的线，与棕色线缠绕在一起的则是白

棕色相间的线。需要注意的是，这些颜色绝对不是后来用染料染上去的，而是使用相应的塑料制成的。

⑤ 看阻燃情况。双绞线最外面的一层包皮除应具有很好的抗拉特性外，还应具有阻燃性。判断线缆是否阻燃，最简单的方法就是用火烧一下，不阻燃的线肯定不是真品。

（2）闻。

① 闻电缆。真品双绞线应当无任何异味，而劣质双绞线则有一种塑料味道。

② 闻气味。点燃双绞线的外皮，正品线采用聚乙烯，应当基本无味；而劣质线采用聚氯乙烯，气味道刺鼻。

（3）问。

① 问价格。真货的价格要贵一些，而假货较便宜，一般是真货的价格一半左右。

② 问来历。问网线的来历，并要求查看其进货凭证和单据。

③ 问质保。正规厂商的网线都有相应的技术参数，都提供完善的质量保证。

（4）试。

① 试手感。真线手感舒服，外皮光滑，捏一捏线，手感应当饱满。

② 试弯曲。线缆还应当可以随意弯曲，以方便布线。

7.2.4 如何选择单/多模光纤

1. 光纤分类

光纤按光在其中的传输模式可分为单模和多模。多模光纤的纤芯直径为 50 μm 或 62.5 μm，包层外径 125 μm，表示为 50/125 μm 或 62.5/125 μm。单模光纤的纤芯直径为 8.3 μm，包层外径 125 μm，表示为 8.3/125 μm。

光纤的工作波长有短波 850 nm，长波 1310 nm 和 1550 nm。光纤损耗一般是随波长增加而减小，850 nm 的损耗一般为 2.5 dB/km，1.31 μm 的损耗一般为 0.35 dB/km，1.55 μm 的损耗一般为 0.20 dB/km，这是光纤的最低损耗，波长 1.65 μm 以上的损耗趋向加大。由于 OH^-（水峰）的吸收作用，900～1300 nm 和 1340 nm～1520 nm 范围内都有损耗高峰，这两个范围未能充分利用。

2. 多模光缆

多模光纤（Multi Mode Fiber）芯较粗（50 μm 或 62.5 μm），可传多种模式的光。但其模间色散较大，这就限制了传输数字信号的频率，而且随距离的增加会更加严重。因此，多模光纤传输的距离就比较近，一般只有几千米。表 7-2 为多模光缆的带宽的比较。

表 7-2　多模光缆的带宽的比较

最小模式带宽/（MHz×km）				
光纤类型	全模式带宽（LED）		激光带宽（Laser）	
	850 nm	1300 nm	850 nm	1300 nm
OM1（62.5/125）	200	500	FFS（For Further Study）有待下一步研究	FFS（For Further Study）有待下一步研究
OM2（50/125）	500	500	FFS（For Further Study）有待下一步研究	FFS（For Further Study）有待下一步研究
OM3（万兆 50/125）	1500	500	2000	FFS（For Further Study）有待下一步研究

光纤系统在传输光信号时，离不开光收发器和光纤。因传统多模光纤只能支持万兆传输几十米，为配合万兆应用而采用的新型光收发器，ISO/IEC 11801 制定了新的多模光纤标准等级，即 OM3 类别，并在 2002 年 9 月正式颁布。OM3 光纤对 LED 和激光两种带宽模式都进行了优化，同时需经严格的 DMD 测试认证。采用新标准的光纤布线系统能够在多模方式下至少支持万兆传输至 300 m，而在单模方式下能够达到 10 km 以上（1550 nm 更可支持 40 km 传输）。

美国康普公司的多模光缆分为多模 OptiSPEED® 解决方案（62.5/125 μm）和万兆多模 LazrSPEED® 解决方案（激光优化万兆 50/125 μm）。LazrSPEED 分成 3 个系列，即 Lazr-SPEED 150、300、550 系列，且 LazrSPEED 万兆多模光缆均通过 UL DMD 认证。具体传输指标如表 7-3 所示。

表 7-3 万兆多模光缆的比较

解 决 方 案	类 型	千兆传输/m	万兆传输/m
OptiSPEED	OM1	275	32
LazrSPEED150	OM2	800	150
LazrSPEED 300	OM3	1000	300
LazrSPEED 550	OM3+	1100	550

通过上表，对比标准可知，康普公司提供的光缆远远超出标准中定义的指标。因此，如果要选择多模光缆应从以下几点进行考虑：

① 从未来的发展趋势来讲，水平布线网络速率需要 1 Gbit/s 带宽到桌面，大楼主干网需要升级到 10 Gbit/s 速率带宽，园区骨干网需要升级到 10 Gbit/s 或 100 Gbit/s 的速率带宽。目前，网络应用正在以每年 50%左右的速度增长，因此在系统规划上要具有一定前瞻性，水平部分应考虑 6 类布线，主干部分应考虑万兆多模光缆，特别是现在 6 类铜缆加万兆多模光缆和超 5 类铜缆加千兆多模光缆的造价上大约只有不到 10%～20%左右的差别。从长期应用的角度来看，如造价允许应考虑采用 6 类铜缆加万兆光缆。

② 从投资角度考虑，在近年内不会用到 10 G 的地方，选用 OptiSPEED（普通多模 62.5/125 μm）；由于 OM3 光缆使用低价的 VCSEL 和 850 nm 光源设备，使万兆传输造价大大降低。如果距离不超过 150 m，选用 LazrSPEED 150（OM2 50/125 支持万兆 150 m）；LazrSPEED 300 是 300 m 万兆传输最好的选择；LazrSPEED 550 是 550 m 万兆传输最好的选择；如超过 550 m 的万兆传输要求，需要选择 TeraSPEED，即单模光缆系统。

3. 单模光缆

单模光纤（Single Mode Fiber）中心纤芯很细（芯径一般为 9 μm 或 10 μm），只能传一种模式的光。因此，其模间色散很小，适用于远程通信，但还存在着材料色散和波导色散，这样单模光纤对光源的谱宽和稳定性有较高的要求，即谱宽要窄，稳定性要好。

后来发现在 1310 nm 波长处，单模光纤的总色散为零。从光纤的损耗特性来看，1310 nm 正好是光纤的一个低损耗窗口。这样，1310 nm 波长区就成了光纤通信的一个很理想的工作窗口，也是现在实用光纤通信系统的主要工作波段。1310 nm 常规单模光纤的主要参数是由国际电信联盟 ITU－T 在 G652 建议中确定的，因此这种光纤又称 G652 光纤。

上面提到由于 OH⁻的吸收作用，900～1300 nm 和 1340 nm～1520 nm 范围内都有损耗高峰。目前美国康普公司提供的 TeraSPEEDTM 零水峰单模光缆正解决了此问题，TeraSPEED 系统消除了 1400 nm 水峰的影响因素，从而为用户提供了更广泛的传输带宽，用户可以自由使用从 1260 nm 到 1620 nm 的所有波段，因此传输通道从以前的 240 增加到 400，性能比传统单模光纤多 50%的可用带宽，为将来升级为 100 G 带宽的 CWDM 粗波分复用技术打下了坚实的基础。

同时，G.652.D 是单模光纤的最新的指标，是所有 G.652 级别中指标最严格的并且完全向下兼容的。如果仅指明 G.652 则表示 G.652.A 的性能规范，这一点应特别注意。TeraSPEED 光纤的所有指标均满足 G.652.A，.B，.C 和.D 的性能规范如表 7-4 所示。

表 7-4　单模光纤

	G.652.A	G.652.B	G.652.C	G.652.D	TeraSPEED
衰减					
1310 nm	0.5	0.4	0.4	0.4	0.35
1383 nm		0.4	0.4	0.4	0.32
1550 nm	0.4	0.35	0.3	0.3	0.24
1625 nm		0.4	0.4	0.4	0.4
偏振模式散射 PMDQ（ps/km）	0.5	0.2	0.5	0.2	0.08

对于单模光缆的选型建议如下：

（1）从传输距离的角度，如果希望今后支持万兆传输，而距离较远，则应考虑采用单模光缆。

（2）从造价的角度，零水峰光缆提供比单模光纤多 50%带宽，而造价又相差不多。事实上，美国康普公司目前已经不提供普通单模光纤，只提供零水峰光纤这样的更高性能的产品给用户。具体传输距离指标如表 7-5 所示。

表 7-5　应用传输距离参照

网络速率	传输距离	网络标准	光　　纤	光　　源	波　　长
100 Mbit/s	2000 m	100BASE-FX	MMF（多模）	LED	1300 nm
1000 Mbit/s	300 m	1000BASE-SX	MMF（多模）	VCSEL	850 nm
1000 Mbit/s	550 m	1000BASE-LX*	MMF（多模）	Laser	1300 nm
1000 Mbit/s	2000 m	1000BASE-LX	SMF（单模）	Laser	1310 nm
10 Gbit/s	300 m	10GBASE-S	OM3（多模）	VCSEL	850 nm
10 Gbit/s	300 m	10GBASE-LX4	OM1（多模）	Laser	1310 nm
10 Gbit/s	2～10 km	10GBASE-L	OS1（单模）	Laser	1310 nm
10 Gbit/s	40 km	10GBASE-E	OS1（单模）	Laser	1550 nm

4．鉴别光缆优劣程度的简单方法

（1）外皮。

室内光缆一般采用聚氯乙烯或阻燃聚氯乙烯，外表应光滑、光亮，具柔韧性，易剥离。质量不好的光缆外皮光洁度不好，易与里面的紧套、芳纶粘连。

室外光缆的 PE 护套应采用优质黑色聚乙烯，成缆后外皮平整、光亮、厚薄均匀、没有小气泡。劣质光缆的外皮一般用回收材料生产，这样的光缆表皮不光滑，因原料内有很多杂质，做出来的光缆外皮有很多极细小的坑，时间长了就开裂、进水。

（2）光纤。

正规光缆生产企业一般采用大厂的 A 级纤芯，一些低价劣质光缆通常使用 C 级、D 级光纤和来路不明的走私光纤，这些光纤因来源复杂，出厂时间较长，往往已经发潮变色，且多模光纤里还经常混着单模光纤，而一般小厂缺乏必需的检测设备，不能对光纤的质量作出判断。因肉眼无法辨别这样的光纤，施工中的常见问题是带宽很窄、传输距离短；粗细不均匀，不能和尾纤对接；光纤缺乏柔韧性，盘纤的时候一弯就断。

（3）加强钢丝。

正规生产厂家的室外光缆的钢丝是经过磷化处理的，表面呈灰色，这样的钢丝成缆后不增加氢损，不生锈，强度高。劣质光缆一般用细铁丝或铝丝代替，鉴别方法很容易——外表呈白色，捏在手上可以随意弯曲。用这样的钢丝生产的光缆氢损大，时间长了，挂光纤盒的两头就会生锈断裂。

（4）钢铠。

正规生产企业采用双面刷防锈涂料的纵包扎纹钢带，劣质光缆采用的是普通铁皮，通常只有一面作过防锈处理。

（5）松套管。

光缆中装光纤的松套管应该采用 PBT 材料，这样的套管强度高，不变形，抗老化。劣质光缆一般采用 PVC 做套管，这样的套管外径很薄，用手一捏就扁，有点像喝饮料的吸管。

（6）纤膏。

室外光缆内的纤膏可以防止光纤氧化，因水气进入发潮等；劣质光纤中用的纤膏很少，严重影响光纤的寿命。

（7）芳纶。

芳纶又名凯夫拉，是一种高强度的化学纤维，目前在军工业用得最多，军用头盔、防弹背心就是用这种材料生产的。目前世界上只有美国的杜邦公司和荷兰的阿克苏公司能生产，价格大约是三十多万元人民币一吨。室内光缆和电力架空光缆（ADSS）都是用芳纶纱作加强件。因芳纶成本较高，劣质室内光缆一般把外径做得很细，这样可以少用几股芳纶来节约成本。这样的光缆在穿管的时候很容易被拉断。ADSS 光缆因为是根据跨距、每秒风速来确定光缆中芳纶的使用量，一般不敢偷工减料。

7.2.5 选择无线局域网网络产品

随着现代技术的飞速发展，许多单位都在建设使用无线局域网，因此懂得一些无线局域网产品的选择也是必要的。组建无线局域网时，往往面对着许多种选择，如 3Com、Cisco、爱立信、正诚等，每一个品牌的信誉与技术能力都毋庸置疑，每一种方案也都具备无线网络安装简易、使用灵活的优点，可以满足基本应用需求。而与此同时，即使最低端的无线局域网设备，价格也都在万元以上，所以从经济角度考虑时不得不慎重。

就目前看来，基于 802.11n 协议的产品已成应用主流，这些产品都使用 2.4 GHz 频段，能够在短距离内实现大约 150 Mbit/s 的接入速率，每个接入点可以同时支持数十个用户的接入。2.4 GHz 频段同时也被蓝牙无线电话和微波炉使用，在现在的一般商业企业中，不会有很多微波炉构成干扰源，不过，一些饭店和商店的无线网络就要好好考虑一下设备的摆放问题了。

此外，不同等级的 802.11n 产品之间也有很多差别，主要表现在是否有自动配置功能，以什么样的方式支持漫游。

自动配置功能对于需要安装很多访问点的企业来说很重要。对于只有很少几个访问点的企业，一次性配置并不是一项劳动量很大的工作，不值得为了自动配置功能去支付很高的差价。但是，假如需要用成百上千个访问点覆盖某个大型机构，针对每个接入点进行配置和维护就成了几乎不可能完成的任务，此时就必须采用有自动配置功能的设备。

大部分公司提供的 802.11b 设备，要想在不同 AP 之间获得漫游功能，必须保证这些接入点连接在同一子网上。假如用户想得到更大的构造上的灵活性，就要选择一个支持移动 IP 客户端软件的产品（很多提供商不提供，因为它要花钱），并且在网络服务器上运行移动 IP 服务器软件，许多 AP 产品已开始支持移动 IP 服务器软件。作为替代，用户也可以购买第三方软件，比如 WRQ 的 NetMotion，它可以使用户在 LAN 和 WAN 之间漫游。另外还有一些解决方案，像 Proxim 的 Harmony 802.11n line，采用添加接入点控制器的形式，可以实现灵活漫游。而 Intermec 公司的无线 LAN 产品，在 IP 路由器上建立无线数据隧道，这样，用户的 IP 地址就可以一直有效，而不管它们在哪个子网上。

就像多数网络新技术一样，使用 WLAN 可以得到许多好处，但也使一些问题更加突出，比如安全问题。

在 WLAN 中，由于不再针对每一端口有一条专门的线作为通道，非法数据包在接入现有无线治理区之前很难中途拦截。一般的 WLAN 产品多采用认证码的形式进行安全保护，每块网卡在安装时要设一个固定的号码，以确认它将用在哪个局域网中。这种方法在企业内部应用是可以的，但用于防范恶意的入侵却有些不够。许多实力雄厚的厂家产品能提供更多的安全措施，这也是产品等级高低的标志之一。因此，在建立 WLAN 之前，要考虑需要采用哪些安全措施。

7.2.6 选择综合布线施工商

同选择布线产品一样，用户要选择自己满意的集成商或安装商。综合布线施工单位需要有信息产业部或建设部颁发的资质证书，用户在选择集成商或安装商时最好选择有资质的单位进行施工。但由于拥有这样资质的单位数量有限，因此市场上租用资质的现象较为普遍，而且又存在工程分包现象，因此要找到真正的"正规军"确实是件不容易的事情。

所以，在选择施工商时应注意以下几个方面：

（1）同自己签订合同的公司实体应是合法的、有资质的；

（2）在合同中规定严格的验收条款，以使自己的利益得到最大限度的保障。

🏃 任务实施——综合布线产品选购

经过信息学院网络综合布线工程任务分析，依据综合布线产品厂商选择、选购原则和方法，该工程厂商产品确定如下。

一、通信介质及网线接口产品

通信介质和网线接口产品：选用 AMP 公司的产品。

二、网络测试工具产品

选用 Fluke 增值代理商安恒公司的产品。Fluke 产品坚固可靠、应用广泛、便携易用，而且价格合理。

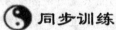 **同步训练**

一、思考练习

（1）综合布线产品的类别有哪些？

（2）综合布线系统产品厂商有哪些？

（3）综合布线产品的选购注意事项有哪些？

（4）如何进行综合布线产品的市场调研？

二、实训

1．实训题目

结合本单位实际布线工程，对网络综合布线系统产品进行市场调研，确定产品型号和厂商。

2．实训目的

了解综合布线系统产品的调研、选购，通过实际动手查询分析，确定网络布线的产品类型、数量，并确定选购产品的生产厂商。

3．实训内容

根据实际任务，在相关厂商的网站上查询信息，并进行市场调研，确定商品品牌和类型、数量。

4．实训方法

（1）首先了解实际布线工程基本情况，包括建筑环境、结构、信息点数目及功能。

（2）上网搜索不同厂商的不同产品，并进行市场调研，了解各产品特点、材质、价格和型号。

（3）确定所需产品的具体型号、数量、品牌和价格。

5．实训总结

（1）每个同学分析实际工程中综合布线的"产品购置清单"，将所需购买产品的类型、名称和数量排列出来。

（2）对"产品购置清单"进行分组讨论，确定清单的准确类型、名称和数量。

（3）按照附录所给实训报告样式写出报告。

附　录

附录 A　布线常用名词解释

1. 应用系统

应采用某种方式传输信息的系统，这个系统能在综合布线上正常运行。

2. 线缆

线缆是指与信息技术设备相连的电缆、光缆及各种软电缆。

3. 综合布线

综合布线是由线缆及相关连接硬件组成的信息传输通道，它能支持多种应用系统。综合布线中不包括应用系统中的各种终端设备和转换装置。

4. 建筑群、园区

一个或多个建筑物构成的区域，例如：学校、工厂、机场、小区或军事基地等。

5. 建筑物干线电缆、光缆

在建筑物内连接建筑物配线架与楼层配线架的电缆、光缆，这种电缆、光缆还可用来直接连接同一建筑物内的两个楼层配线架。

6. 建筑群干线电缆、光缆

在建筑群内，连接建筑群配线架与建筑物配线架的电缆、光缆。这种电缆、光缆还可用来直接连接不同建筑物间的建筑物配线架。

7. 水平电缆、水平光缆

连接楼层配线架与信息插座之间的电缆、光缆。

8. 设备电缆、光缆、软线

把应用系统的终端设备连接到配线架的电缆、光缆组件。

9. 工作区电缆、光缆、软线

在工作区内，把终端设备连接到信息插座的电缆、光缆组件。工作区电缆、工作区光缆一般称为软电缆或跳接线。

10. 电缆单元、光缆单元

类别和型号相同的电缆线对或光纤的组合，电缆单元可以带有屏蔽层。

11. 非屏蔽双绞电缆、对绞电缆

由非屏蔽线对组成的电缆（简称非屏蔽电缆）。当有总屏蔽时，称作带总屏蔽的非屏蔽双绞电缆。

12. 屏蔽双绞电缆、对绞电缆

由屏蔽线对组成的电缆（简称屏蔽电缆）。当有总屏蔽时，称作带电总屏蔽的屏蔽双绞电缆。

13．混合电缆、光缆

两个或多个不同型号或不同类别的电缆、光缆单元构成的组件，外面包覆一个总护套。护套内还可以有一个总屏蔽。其中，只由电缆单元构成的称为综合电缆；只由光缆单元构成的称为综合光缆；由电缆单元组件和光缆单元组件构成的称为混合电缆。

14．跳线

不带连接器的电缆线对或电缆单元，用在配线架上交接各种链路。

15．接插线

一端或两端带有连接器的软电缆或软光缆，用在配线架上连接各种链路，也可用于工作区中。

16．配线架

使用接插线连接链路的一种交接装置，通过配线盘可以方便地改换或断开链路。

17．交接

使用接插线或跳线连接电缆、光缆或设备的一种非永久性连接方式。

18．互连

不用接插线或跳线，一根电缆或光缆直接连接到另一根电缆或光缆及设备的一种连接方式。

19．配线架

电缆或光缆进行端接和连接的装置。在配线架上可进行互连或交接操作。

20．建筑群配线架

端接建筑群干线电缆、光缆的连接装置。

21．建筑物配线架

端接建筑物干线电缆、干线光缆并可连接建筑群干线电缆、干线光缆的连接装置。

22．楼层配线架

水平电缆、水平光缆与其他布线子系统或设备相连的装置。

23．链路

综合布线的两接口间具有规定性能的传输通道。链路中不包括终端设备、工作区电缆、工作区光缆和设备电缆、设备光缆。

24．通道

连接两个应用设备进行端到端的信息传输路径。一条物理通道可划分为若干条逻辑信道。通道中包括应用系统的设备连接线缆和工作区接插线。

25．信息插座、引出端

综合布线在各工作区的接口，与水平电缆或水平光缆相连。工作区的终端设备用接插线连到该接口。

26．引入设备

将通信电缆或通信光缆按照有关规定引入建筑物的相关设备。

27．公用网接口

公用网与专用网之间的分界点。在多数情况下，公用网接口是公用网设备与综合布线的连接点。

28. 配线间、交接间、电信间

放置配线架、应用设备并进行综合布线交接和管理的一个专用空间。干线子系统和水平子系统在此进行转接。

29. 设备间

放置电信设备、应用设备和配线架并进行综合布线交接和管理的空间。

30. 工作区

放置应用系统终端设备的地方。综合布线一般以 10 m^2 的面积为一个工作区。

31. 转接点

进行水平布线时，不同型号或规格的电缆、光缆相连接的点（例如：扁平电缆与圆电缆或不同对数的电线相连点）。

32. 终端

能通过通道或链路发送和接收信息的一种设备，它以联机方式工作。

33. 信息

客观事物运动状态的表征与描述。它是客观事物运动状态的符号、序列（如字母、数字）或连接时间的函数（如图像）。

34. 管理点

管理通道的各种交叉连接、直接连接或信息插座的排列。

35. 适配器

这种装置使用不同大小或不同类型的插头与信息匹配；提供引线的重新排列；允许多对电缆分成较小的几股；使电缆间互连。

36. 平衡、非平衡转换器

一种将电气信号由平衡转换为非平衡或由非平衡转换为平衡的装置，可用在双绞电缆和同轴电缆之间进行阻抗匹配。

37. 弯曲半径

光纤弯曲而不断裂或不引起过多附加损耗的弯曲半径。

38. 电缆夹

一种在电缆末端滑动的装置，它与绞盘或手柄相接，安装时有助于牵引电缆。

39. 连接块、布线块

连接双绞电缆的硬件，可用跳接线或接插线来实现链路的连接。

40. 折射率渐变光纤

折射率沿轴向降低的光纤。光线在芯内反射并不断聚焦，使得光线向内弯曲，并能比在低射系数区域里传输更快。这种光纤可提高带宽。

附录 B 综合布线常用缩略语

1. ACR

Attenuation to Crosstalk Ratio 衰减—串音衰减比率

2. ADU

Asynchronous Data Unit 异步数据单元

3．ATM

Asynchronous Transfer Mode 异步传输模式

4．BA

Building Automatization 楼宇自动化

5．BD

Building Distributor 建筑物配线设备

6．B-ISDN

Broadband ISDN 宽带 ISDN

7．10BASE-T

10BASE-T10 Mbit/s 基于 2 对线应用的以太网

8．100BASE-TX

100BASE-TX100 Mbit/s 基于 2 对线应用的以太网

9．100BASE-T4

100BASE-T4100 Mbit/s 基于 4 对线应用的以太网

10．100BASE-T2

100BASE-T2100 Mbit/s 基于 2 对线全双工应用的以太网

11．1000BASE-T

1000BASE-T1000 Mbit/s 基于 4 对线全双工应用的以太网

12．100BASE-VG

100BASE-VG100 Mbit/s 基于 4 对线应用的需求优先级网络

13．CA

Communication Automatization 通信自动化

14．64CAP

64-Carrierless Amplitude Phase8*8 无载波幅度和相位调制（也有 16、4、2）

15．CD

Campus Distributor 建筑群配线设备

16．CP

Consolidation Point 集合点

17．CSMA/CD 1BASE5

Carrier Sense Multiple Access with Collision Detection 1BASE5 用碰撞检测方式的载波监听多路访问 1 Mbit/s 基于粗电缆

18．CSMA/CD 10BASE-F

CSMA/CD 10BASE-F　　CSMA/CD 10 Mbit/s 基于光纤

19．CSMA/CD FOIRL

CSMA/CD Fibre Optic Inter-Repeater Link　CSMA/CD 中继器之间的光纤链路

20．CISPR

International Special Committee on Radio Interference 国际无线电干扰特别委员会

21．dB

电信传输单位：分贝

22. dBm

取 1 mW 作基准值，以分贝表示的绝对功率电平

23. dBmod

取 1 mW 作基准值，相对于零相对电平点，以分贝表示的信号绝对功率电平

24. DCE

Data Circuit Equipment 数据电路设备

25. DDN

Digital Data Network 数字数据网

26. DSP

Digital Signal Processing 数字信号处理

27. DTE

Data Terminal Equipment 数据终端设备

28. ELA

Electronic Industries Association 美国电子工业协会

29. ELFEXT

Equal Level Far End Crosstalk 等电平远端串音

30. EMC

Electro Magnetic Compatibility 电磁兼容性

31. EMI

Electro Magnetic Interference 电磁干扰

32. ER

Equipment Room 设备间

33. FC

Fiber Channel 光纤信道

34. FD

Floor Distributor 楼层配线设备

35. FDDI

Fiber Distributed Data Interface 光纤分布数据接口

36. FEP[(CF(CF)-CF)(CF-CF)]

FEP 氟塑料树脂

37. FEXT

Far End Crosstalk 远端串音

38. f.f.s

For further study 进一步研究

39. FR

Frame Relay 帧中继

40. FTP

Foil Twisted Pair 金属箔对绞线

41．FTTB

Fiber To The Building 光纤到大楼

42．FTTD

Fiber To The Desk 光纤到桌面

43．FTTH

Fiber To The Home 光纤到家庭

44．FWHM

Full Width Half Maximum 谱线最大宽度

45．GCS

Generic Cabling System 综合布线系统

46．HIPPI

High Perform Parallel Interface 高性能并行接口

47．HUB

集线器

48．ISDN

Integrated Building Distribution Network 建筑物综合分布网络

49．IBS

Intelligent Building System 智能大楼系统

50．IDC

Insulation Displacement Connection 绝缘压穿连接

51．IEC

International Electrotechnical Commission 国际电工技术委员会

52．IEEE

The Institute of Electrical and electronics Engineers 美国电气及电子工程师协会

53．IP

Internet Protocol 因特网协议

54．ISDN

Integrated Services Digital Network 综合业务数字网

55．ISO

Integrated Organization for standardization 国际标准化组织

56．ITU

International Telecommunication Union-Telecommunications(formerly CCITT) 国际电信联盟-电信（前称 CCITT）

57．LAN

Local Area Network 局域网

58．LCF FDDI

Low Cost Fiber FDDI 低费用光纤 FDDI

59．LSHF-FR

Low Smoke Halogen Free-Flame Retardant 低烟无卤阻燃

60. LSLC

Low Smoke Limited Combustible 低烟阻燃

61. LSNC

Low Smoke Non-Combustible 低烟非燃

62. LSZH

Low Smoke Zero Halogen 低烟无卤

63. MDNEXT

Multiple Disturb NEXT 多个干扰的近端串音

64. MLT-3

Multi-Level Transmission-3 3 电平传输码

65. MUTO

Multi-User Telecommunications Outlet 多用户信息插座

66. N/A

Not Applicable 不适用的

67. NEXT

Near End Crosstalk 近端串音

68. N-ISDN

Narrow ISDN 窄带 ISDN

69. NRZ-I

No Return Zero-Inverse 非归零反转码

70. OA

Office Automatization 办公自动化

71. PAM5

Pulse Amplitude Modulation 5 5 级脉幅调制

72. PBX

Private Branch exchange 用户电话交换机

73. PDS

Premises Distribution System 建筑物布线系统

74. PFA[(CF(OR)-CF)(CF-CF)]

PFA 氟塑料树脂

75. PMD

Physical Layer Medium Dependent 依赖于物理层模式

76. PSELFEXT

POWER Sum ELFEXT 等电平远端串扰功率和

77. PSNEXT

Power Sum NEXT 近端串扰功率和

78. PSPDN

Packet Switched Public Data Network 公众分组交换数据网

79．RF

Radio Frequency 射频

80．SC

Subscriber Connector(Optical Fiber)用户连接器（光纤）

81．SC-D

Subscriber Connector-Dual(Optical Fiber)双联用户连接器（光纤）

82．SCS

Structured Cabling System 结构化布线系统

83．SDU

Synchronous Data Unit 同步数据单元

84．SM FDDI

Single- Mode FDDI 单模 FDDI

85．SFTP

Shielded Foil Twisted Pair 屏蔽金属箔对绞线

86．STP

Shielded Twisted Pair 屏蔽对绞线

87．TIA

Telecommunications Industry Association 美国电信工业协会

88．TO

Telecommunications Outlet 信息插座（电信引出端）

89．Token Ring 4 Mbit/s

Token Ring 4 Mbit/s　4 Mbit/s 令牌环路

90．Token Ring 16 Mbit/s

Token Ring 16 Mbit/s　16 Mbit.s 令牌环路

91．TP

Transition Point 转接点

92．TP-PMD/CDDI

Twisted Pair-Physical Layer Medium Dependent/cable Distributed Data Interface 依赖对绞线介质的传送模式/或称铜缆分布数据接口

93．ITU-T

International Telecommunication Union-Telecommunication（formerly CCITT）国际电信联盟——电信（前称 CCITT）

94．UL

Underwriters Laboratories 美国保险商实验所安全标准

95．UNI

User Network Interface 用户网络侧接口

96．UPS

Uninterrupted Power System 不间断电源系统

97．UTP

Unshielded Twisted Pair 非屏蔽双绞线

98．VOD

Video on Demand 视像点播

99．Vr.m.s

Vroot.mean.square 电压有效值

100．WAN

Wide Area Network 广域网

附录 C　网络综合布线实训报告样例

网络综合布线实训报告				
实训题目：			学生姓名：	
实训目的：			学生班级：	
指导教师：			实训日期：	
实训内容				
实训方法步骤				
实训思考总结				
课后评比	测评内容	自评	互评	教师
	实训准备工作			
	实训操作过程与结果			
	思考与总结			

参 考 文 献

[1] 李京宁. 网络综合布线 [M]. 北京：机械工业出版社，2004.

[2] 荷平，余明辉. 网络综合布线技术 [M]. 北京：人民邮电出版社，2006.

[3] 过梦旦，魏永强. 网络综合布线实践教程 [M]. 北京：高等教育出版社，2005.

[4] 禹禄君，杨晓斌. 网络综合布线与实践 [M]. 北京：高等教育出版社，2003.

[5] 张海涛，陈金俊，黄志强. 综合布线实用指南 [M]. 北京：机械工业出版社，2006.

[6] 李宏力. 计算机网络综合布线系统 [M]. 北京：清华大学出版社，2003.

[7] 刘省贤，李建业. 综合布线技术教程与实训 [M]. 北京：北京大学出版社，2006.

[8] 张桂华，杨隆友. 综合布线与组网技术 [M]. 北京：科学出版社，2006.

[9] 王趾成，张军. 综合布线技术 [M]. 西安：西安电子科技出版社，2007.

[10] 徐超汉. 智能化大厦综合布线系统设计与工程 [M]. 北京：电子工业出版社，1995.